D1452672

# SUEÑOS LÚCIDOS

GUÍA · PRÁCTICA

Título original: Lucid Dreaming
Traducido del inglés por Roc Filella Escolá
Diseño de portada: Editorial Sirio, S.A.
Diseño y maquetación de interior: Toñi F. Castellón

Ilustración de la página 160: Hearne, K. (1978), Lucid Dreams - an electrophysiological and psychological study, tesis doctoral, Universidad de Liverpool, Inglaterra, presentada en mayo de 1978 (pág. 163).



Publicado inicialmente en inglés en 2015 por Hay House UK, Ltd.
Para oír la radio de Hay House, conectar con www.hayhouseradio.com



www.editorialsirio.com
sirio@editorialsirio.com

I.S.B.N.: 978-84-17399-10-8
Depósito Legal: MA-303-2019

Impreso en Imagraf Impresores, S. A.
c/ Nabucco, 14 D - Pol. Alameda
29006 - Málaga

Impreso en España

Puedes seguirnos en Facebook, Twitter, YouTube e Instagram.

CHARLIE MORLEY

# SUEÑOS LÚCIDOS

GUÍA · PRÁCTICA

Para mi maestro, Akong Rinpoche (1939-2013), hombre de pocas palabras, que en cierta ocasión me dijo: «¿Sueño lúcido? Sí, aprende lo básico, es lo mejor».

---

Para información sobre los proyectos humanitarios de Akong Rinpoche en todo el mundo, ver www.rokpa.org

# ÍNDICE

# CAJAS DE HERRAMIENTAS PARA EL SUEÑO LÚCIDO

# INTRODUCCIÓN

Todo empezó un par de meses antes de mi duodécimo cumpleaños. Era domingo por la tarde y no había nada que hacer; estaba aburrido, como les suele ocurrir a los niños de once años cuando llueve. Empecé a revolver los periódicos del fin de semana, buscando el folleto en el que se anunciaban aparatos que puedes comprar por correo. Cuando lo tuve en las manos, vi un anuncio de toda una página de algo llamado NovaDreamer, un antifaz informatizado para dormir que ayudaba a inducir sueños lúcidos. Leí lo del sueño lúcido y enseguida saltó una chispa, y dije: «¡Qué guay! Papá, ya sé lo que quiero para mi cumpleaños».

Nunca me regalaron el NovaDreamer, pero la semilla ya estaba sembrada, y pocos años después, cuando los sueños lúcidos me fascinaron de nuevo y decidí aprender a tenerlos, aquella semilla empezó a germinar.

Llegado a la adolescencia, la posibilidad de acceder sin más al sueño lúcido era uno de sus mejores reclamos comerciales. No había que comprar equipo alguno, ni iniciarse en nada, ni apuntarse a ningún club. Lo único que se necesitaba era dormir y determinación. Además, era una buena forma de tener muchísimos sueños sexuales, algo que, como adolescente, me parecía una muy buena razón para aprender a soñar lúcidamente.

Unos años después, cuando me inicié en el budismo tibetano, descubrí algo llamado *dream yoga* (yoga del sueño). Así se llama a una serie de prácticas de sueño lúcido, dormir consciente y lo que en Occidente se conoce como «experiencia extracorpórea» destinadas al crecimiento espiritual y la formación de la mente. En el ámbito del *dream* yoga se utiliza el estado de sueño lúcido para ir mucho más allá de la fantasía sexual: es una forma de práctica espiritual mientras se duerme, una posibilidad que a mis diecinueve años me cautivó.

Cuando la práctica del sueño lúcido se convirtió en mi práctica espiritual, todo empezó realmente a avanzar. En los cinco años siguientes leí todo lo que pude encontrar sobre los sueños lúcidos y el *dream* yoga. Recibí enseñanzas sobre estas prácticas de las poquísimas personas que las ofrecían y asistí a retiros budistas con especialistas como el lama Yeshe Rinpoche, el hombre que acabaría por sugerirme que comenzara a compartir mis experiencias con los demás. El sueño lúcido pronto se convirtió en un elemento fundamental de mi camino espiritual.

Pero ¿qué tiene que ver todo esto *contigo*? Bien, después de más de seis años de enseñanza y quince de práctica, hoy puedo confirmar con seguridad lo que siempre he creído: los sueños lúcidos te pueden cambiar la vida.

Nos pasamos durmiendo una tercera parte de nuestro tiempo y a través de los sueños lúcidos podemos a empezar a aprovechar este apagón de treinta años para el crecimiento psicológico y espiritual. ¿Qué mejor práctica podría haber para el convulso estilo de vida actual? No todos reservamos tiempo para la meditación todos los días, pero casi todo el mundo se va a dormir todas las noches, de modo que el sueño lúcido siempre está al alcance. Es la práctica de meditación que puedes llevar a cabo en la cama, una forma bastante efectiva de gestionar el tiempo.

Pero ¿qué beneficios reportan realmente los sueños lúcidos? Muchos problemas psicológicos se deben a que no nos conocemos a nosotros mismos. Desconocemos nuestra mente, estamos distraídos y no somos conscientes. Con los sueños lúcidos podemos llegar a conocernos de verdad y a ser más plenamente conscientes en todos los estados del día y la noche.

La mente inconsciente contiene un tesoro de sabiduría, sobre nosotros y sobre el mundo que nos rodea.

Es un tesoro al que raramente se accede en estado de vigilia, pero en los sueños lúcidos podemos acceder a toda una biblioteca de conocimientos ubicada en nuestra mente soñante. A través de ellos pasamos a ser conscientes *dentro* del inconsciente. Esta conciencia abre la posibilidad de comunicarnos directamente con nuestro propio potencial divino y de darnos cuenta de cuán ilimitados somos realmente.

Estudios de la Universidad de Harvard han concluido que la mayoría de las personas no viven de manera consciente y no están en el momento presente un 47 % de su vida.[1] Con los sueños lúcidos podemos cambiar esta cifra, porque la lucidez en los sueños lleva a la lucidez en la vida. Podemos aprender a «despertarnos» en la vida diaria, del mismo modo que lo hacemos en los sueños. Llevar la conciencia lúcida aunque solo sea a unos pocos momentos de nuestro apagón nocturno es una herramienta de descondicionamiento tan potente que puede generar una notable mejora de la conciencia clarividente cuando estamos despiertos. De repente, nos sentimos lúcidos en situaciones en las que normalmente nos movíamos como sonámbulos. Nos despertamos a nuestras proyecciones negativas, nuestras dudas y nuestras limitaciones ilusorias. Empezamos a soñar en la realidad de nuestro destino porque nos convertimos en todo el potencial que podemos ser, con solo atrevernos a soñar.

Así pues, ahueca la almohada, prepárate para ir a la cama y abróchate el cinturón, porque sales de viaje.

# NOTA DEL AUTOR

Si lo que te interesa es un análisis en profundidad de los sueños lúcidos en el contexto del budismo tibetano y la meditación *mindfulness*, quizás prefieras mi primer libro publicado por Hay House, *Dreams of Awakening* [Sueños del despertar], pero si lo que buscas es una guía desenfadada sobre el «cómo, el porqué y el ¡vaya!» de los sueños lúcidos, tienes en tus manos el libro perfecto.

En *Dreams of Awakening* utilizaba mis propios sueños para explorar las formas en que se puede utilizar el sueño lúcido en el camino espiritual, pero en el presente libro encontrarás en forma de estudios de caso las explicaciones y reflexiones no censuradas sobre los sueños de personas a las que he tenido el privilegio de enseñar.

Muchas de las técnicas que se incluyen en estas páginas se pueden encontrar también, más detalladamente, en *Dreams of Awakening*. Aquí se exponen de forma más concisa y accesible para quien se inicia en los sueños lúcidos, pero mantienen toda la fuerza necesaria para llevarte a la conciencia plenamente lúcida dentro de tus sueños.

Primera parte

# LOS FUNDAMENTOS

*Todos los seres humanos son también seres de ensueños.*
*El sueño une a toda la humanidad.*

**Jack Kerouac**

# 1

# LOS FANÁTICOS DEL CONTROL, LOS ICEBERGS Y EL CORREO SIN ABRIR

¿Qué es el sueño lúcido? Es el arte de ser consciente dentro de tus propios sueños. Un sueño lúcido es aquel en el que piensas: «¡Ajá! Estoy soñando» sin dejar de estar dormido. Cuando en el sueño eres consciente, puedes interactuar con él y dirigirlo, bailando con tu mente inconsciente.

Si de algún modo te interesan la psicología, la meditación *mindfulness*, la imaginación o el poder del inconsciente, los sueños lúcidos te van a encantar. Te dan acceso a lo más profundo de la mente, y la oportunidad de guiar tus sueños a voluntad.

## ¿CÓMO FUNCIONAN LOS SUEÑOS LÚCIDOS?

En los sueños lúcidos no estás despierto –en realidad, sigues profundamente dormido– pero parte del cerebro se ha reactivado (la corteza prefrontal dorsolateral derecha, por si te interesa), lo cual te permite experimentar el estado de soñar de forma consciente y con discernimiento autorreflexivo. Cuando sabes que estás soñando *mientras* sueñas, puedes acceder al más potente generador de realidad virtual que existe: la mente humana.

En mi opinión, uno de los aspectos más revolucionarios de los sueños lúcidos es que convierten el sueño en algo divertido. Reconfiguran por completo nuestra relación con el tercio de nuestra vida que nos pasamos en la cama. De repente, el sueño deja de ser «tiempo perdido», como piensan algunos, para convertirse en potencial base de formación para el crecimiento psicoespiritual, y en laboratorio de exploración interna que nos hace más lúcidamente conscientes también cuando estamos despiertos. Cuando somos conscientes dentro del inconsciente, vemos que no tenemos límites ni ataduras y que poseemos una creatividad superior a lo que podamos imaginar.

La mayoría de las personas hemos tenido un sueño lúcido en algún momento de la vida, pero a través del proceso de aprendizaje del arte de soñar con lucidez podemos llegar a vivir este sorprendente fenómeno de forma intencionada y a voluntad. De hecho, la expresión *sueño lúcido* es un tanto inexacta: habría que hablar de *sueño consciente*, porque lo que define a esta experiencia es el discernimiento consciente, pero de momento vamos a ceñirnos a la expresión original.

Sin embargo, dadas las muchas falsas ideas sobre qué *es* realmente el sueño lúcido, merece la pena que nos detengamos un momento a considerar qué *no* es el sueño lúcido:

- *No* es un estado de medio despierto/medio dormido. En el sueño lúcido estás en la fase REM (la fase del movimiento rápido de los ojos) del sueño y profundamente dormido, pero mientras sueñas se ha reactivado parte del cerebro, de modo que puedes experimentar el sueño conscientemente.
- *No* es simplemente un sueño muy vívido, aunque los sueños lúcidos suelen ser experiencias de extraordinaria intensidad y alta definición.
- *No* es una experiencia extracorpórea (a veces llamada proyección astral). Es este un tema que muchos practicantes del sueño lúcido siguen debatiendo pero, en mi opinión, el sueño lúcido se produce principalmente dentro del cauce mental personal, mientras que en la experiencia extracorpórea traspasamos estos límites.

El sueño lúcido es un sueño en el que sabes que estás soñando *mientras* sueñas.

Una vez en él, eres plenamente consciente en un constructo tridimensional de tu propia mente. Puedes andar –o volar– alrededor de una proyección de tu propia psicología y mantener conversaciones activas y complejas con personificaciones de tu propia psique.

El alto grado de lucidez agudiza la claridad mental. Esto significa que puedes reflexionar sobre el hecho de que estás dormido y que tu cuerpo está tumbado sobre la cama. Puedes decirte: «Pero ¡qué estupendo! Me muero por contárselo a alguien cuando despierte», y puedes acceder a los recuerdos y a tu experiencia personal de cuando estás despierto. *Tú* eres quien está ahí dentro, pero ese tú no tiene límites. Esto quiere decir que puedes sanar, meditar y aprender de formas que en estado de vigilia podrían parecer imposibles.

Este alto grado de lucidez está bastante lejos, pero no es lo que más lejos está en un largo camino. Lo que realmente sorprende a la mayoría de quienes se inician en el sueño lúcido es lo *real* que parece. Un sueño lúcido parece, se siente, se saborea y se huele como algo tan real como la realidad de la vigilia, pero es principalmente una proyección de la mente. Si te cuesta imaginar cómo puede ser un sueño lúcido, observa las explicaciones de los sueños que se recogen en los estudios de caso de este libro. Valga para empezar el de la página 65.

En cuanto a los escépticos y detractores, deben saber que el sueño lúcido es real. Es un fenómeno del sueño comprobado científicamente desde hace casi cuarenta años. Existe, y lo sabemos porque tiene «correlatos neuronales discernibles» exclusivos, es decir, no es algo simplemente psicológico, sino físico.

### Un poco de ciencia

En 2009, investigadores de la clínica neurológica de la Universidad de Fráncfort confirmaron que «el sueño lúcido constituye un estado híbrido de conciencia con diferencias definibles y medibles con el estado de vigilia y el estado de sueño REM (movimiento rápido de los ojos».[1] Tres años más tarde, en 2012, en el Instituto Max Planck de Psicología de Múnich, se descubrió que cuando se alcanza la conciencia lúcida dentro del sueño, la actividad de «las zonas del cerebro asociadas a la autoevaluación y la autopercepción, incluidas la corteza prefrontal dorsolateral y las regiones frontopolares, aumenta notablemente en pocos segundos».[2]

¿Cómo lo descubrieron? Si monitorizas el cerebro de una persona mediante, por ejemplo, un electroencefalograma o un aparato de imagen por resonancia magnética funcional –un tipo de escáner que utiliza la resonancia magnética para generar una imagen en directo de la actividad del cerebro– y lo observas mientras sueña, verás que el tronco cerebral y el lóbulo occipital de la parte posterior del cerebro están altamente activos, mientras que la parte más frontal, la corteza prefrontal, permanece casi totalmente inactiva.

Los científicos piensan que los centros de la personalidad[3] y el sentido del yo se originan en zonas de la corteza prefrontal,[4] de modo que, cuando estas zonas del cerebro están «desconectadas» mientras dormimos,* podemos aceptar alegremente que somos, por ejemplo, la mismísima reina de Egipto. Hasta que nos despertamos, la corteza prefrontal se «conecta» de nuevo y nos damos cuenta de que esa reina de Egipto no era más que un sueño.

Pero en el sueño lúcido se produce un proceso distinto. Cuando alcanzamos la lucidez, zonas de la corteza prefrontal se conectan de nuevo mientras seguimos soñando; por esto pensamos: «Un momento... ¿la reina de Egipto?... Debo de estar soñando». O, con las poéticas palabras del especialista en meditación Rob Nairn: «Cuando nos damos cuenta de que lo que creíamos que era real es un sueño, experimentamos un cambio de marcha en la conciencia. Y de este modo se nos revela la laberíntica psique.[5]

Una de las entradas más habituales en un sueño lúcido espontáneo es percibir una «anomalía» en el sueño

* Durante el sueño REM, la actividad en la corteza prefrontal dorsolateral cesa por completo.

y darte cuenta de que tienes que estar soñando. ¿Cómo funciona esto? Estás soñando y de repente ocurre algo extraño, y piensas: «Pero ¿qué...? Esto no puede pasar en la vida real. Debo de estar soñando».

A muchos soñadores lúcidos principiantes esto les provoca un aumento de adrenalina –«¡Guau, es increíble!»– y lo siguiente que saben es que están despiertos en la cama, con el corazón acelerado, agitados por el entusiasmo de su primer sueño lúcido. Sin embargo, con la práctica es posible permanecer en el sueño lúcido tanto como nos apetezca. Más adelante veremos cómo hacerlo.

### Extraño pero cierto

Si crees que has estado cinco minutos en un sueño lúcido, probablemente sea así. Los estudios demuestran que para la mayoría de las personas la experiencia del tiempo en estado de sueño lúcido es aproximadamente la misma que en estado de vigilia.[6] ¿Por qué? Porque dentro del sueño lúcido tenemos prácticamente la misma capacidad de calcular el tiempo que cuando estamos despiertos. Imagina pasar una hora (lo que dura tu sueño más largo) explorando el interior de tu mente.

## ¿El sueño lúcido agota?

No; de hecho, la mayoría de las personas se despiertan sintiéndose mucho más descansadas de los sueños lúcidos que de los sueños no lúcidos habituales. El sueño lúcido se produce casi exclusivamente en la fase REM, que en realidad no es un estado de sueño relajado. El nombre original del sueño REM era «sueño paradójico», y la paradoja era que el cerebro suele estar más activo durante el sueño que cuando estamos despiertos.

Todas las fases del sueño tienen su finalidad. Las del sueño no-REM y el sueño profundo que componen la mayor parte del sueño son necesarias principalmente para que el cuerpo descanse y para «limpiar el cerebro»,[7] y las del sueño REM lo son para consolidar la memoria e integrar nuestros procesos psicológicos. Todo esto se produce, evidentemente, de forma espontánea.

Por su parte, se ha observado que en los sueños lúcidos el cerebro empieza a mostrar ondas gamma de alta frecuencia, unas ondas que se han relacionado con la meditación de alto nivel,[8] la hipnosis y el crecimiento psicológico. Esto puede significar que, una vez llegados al sueño lúcido, la fase REM reporta *aún más beneficios* de lo habitual.

Además, a la mayoría de las personas el sueño lúcido les produce tal estado de entusiasmo que el día siguiente suele estar impregnado de un sentimiento de alegría y plenitud.

## MÁS REAL QUE LO REAL

Como decía antes, lo raro de los sueños lúcidos es que normalmente no se parecen en nada a un sueño. Los sueños plenamente lúcidos pueden parecer tan reales que muchas personas creen que han entrado en otra dimensión de la realidad. Y de hecho así es, pero esa dimensión no está fuera en algún lugar del espacio, sino en el espacio interior de la mente.

En el sueño lúcido destacan sus minuciosos detalles. Si colocas la mano sobre el corazón, sentirás cómo late, aunque tanto la mano como el corazón no sean más que la materia de la que están hechos los sueños. Un sueño lúcido puede parecer más real incluso que la vida misma, una hiperrealidad que se debe al hecho de que nuestros sentidos no están limitados a los órganos sensoriales físicos. Por ejemplo, hubo un tiempo en que tenía problemas de visión;* en cambio, en los sueños lúcidos veía perfectamente bien. La razón es que en el sueño lúcido no veía a través de los ojos, sino a través de la mente.

Sin embargo, el mundo de los sueños lúcidos *puede* parecer similar al de la vida en vigilia, pero no rigen en ambos las mismas reglas. Esto significa que podemos volar, teletransportarnos, comunicarnos por telepatía

* En realidad debería cambiar este punto, porque a principios de 2014 tuve una serie de tres sueños lúcidos en los que intencionadamente envié energía sanadora a mis ojos utilizando el mantra del Buda de la medicina. En el momento de escribir estas líneas, ya no necesito llevar gafas y mi sentido de la vista ha mejorado de forma espectacular.

con diversos personajes y orientar el relato del sueño como queramos y nos propongamos. De hecho, el sueño lúcido es un constructo mental meticulosamente intrincado que puede parecer tan real que lleguemos a cuestionar la propia naturaleza de la realidad de cuando estamos despiertos.

¿Significa esto que el soñador lúcido corre el riesgo de perder el contacto con la realidad? No, todo lo contrario. Cuando conseguimos ver a través de la realidad alucinatoria del paisaje onírico, y saber que es una ilusión, estamos mejor capacitados para reconocer la ilusión en el estado de vigilia, lo cual nos hace más estables mentalmente y más autoconscientes.

## Extraño pero cierto

Jayne Gackenbach, investigadora del sueño, habla de una mujer que utilizaba el sueño lúcido para perder peso. Relata en su artículo que la mujer se abstenía de comer alimentos grasos durante el día porque sabía que los podría tomar en sus sueños. Es posible que comer en un sueño lúcido sea tan realista que el cerebro envíe señales de saciedad al estómago en los que diga: «Estoy lleno». Banda gástrica hipnótica, ¡chúpate esta!

Intentar explicar cómo *se siente* el sueño lúcido es como intentar describir el sabor del chocolate. Puedo utilizar todos los adjetivos que quiera pero nunca *sabrás* de verdad a qué sabe el chocolate hasta que lo tomes. Lo mismo ocurre con el sueño lúcido. Este libro te ayudará a saborear el chocolate. De hecho, cuando las personas empiezan a leer sobre los sueños lúcidos, a menudo comienzan a oler el cacao y se dan cuenta de que *han tenido* sueños lúcidos y que también ellas pueden encontrar la entrada de oro para visitar la fábrica de chocolate.*

## CONTROLAR EL SUEÑO

Cuando alcanzas la lucidez, puedes *decidir* realmente lo que quieres hacer en el sueño, desde ir a practicar surf hasta meditar dentro del sueño o reunirte con una personificación de tu yo superior, pero muchos deciden volar. Llegan al sueño lúcido, fijan su intención de volar y a continuación despegan y se alzan sobre el paisaje del sueño, controlando la velocidad y la trayectoria de su vuelo. Este grado de control subjetivo puede llevarlos a pensar que controlan todo el sueño, pero no es así.

En su libro *Lucid Dreaming: Gateway to the Inner Self* [Sueños lúcidos: puerta de entrada al ser interior], Robert Wagonner, investigador del sueño, manifiesta: «Ningún marinero controla el mar. Del mismo modo,

* El autor hace referencia a la novela infantil *Charlie y la fábrica de chocolate*, de Roald Dahl.

ningún soñador lúcido controla el sueño». Es la pura verdad; pecaría de arrogante el marinero que pensara que controla la impresionante fuerza del mar, y lo mismo ocurre con nuestros sueños.

Pensar que el tigre de papel que es nuestro ego (al que llevamos a nuestros sueños lúcidos) puede controlar o dominar de algún modo la fuerza descomunal del inconsciente es atribuirle una exagerada capacidad de influencia. La mente soñante inconsciente tiene muchísima más fuerza que la mente del ego, y el soñador lúcido que piense que puede controlar el sueño infravalora sumamente aquello de lo que se ocupa.

Querer controlar muchas veces equivale a querer subyugar, dominar o eliminar, de modo que, más que controlar, propongámonos coreografiar el sueño, influir en él y dirigirlo. Ya sé que se trata principalmente de una cuestión semántica, pero las palabras producen un poderoso efecto en el inconsciente, por lo que debes ser cuidadoso con la fuerza que contengan las que utilices. Debemos hacer del inconsciente nuestro aliado, no nuestro enemigo. No intentes controlar tu mente soñante; al contrario, procura entablar amistad con ella, porque una vez que lo consigas podrás disponer de más energía de la que jamás imaginaste que fuera posible.

### Extraño pero cierto

Parece que los videojuegos pueden ser buenos para el sueño lúcido (¡lo siento, padres y madres!). Los psicólogos del sueño afirman que los «jugadores que están habituados a controlar sus entornos de juego saben trasladar tal habilidad a sus sueños».[9] Los estudios demuestran que quienes se entretienen a menudo con los videojuegos son más proclives a tener sueños lúcidos y, cuando alcanzan la lucidez, pueden influir en sus mundos oníricos.

## ABRIR NUEVOS SENDEROS EN EL CEREBRO

Nos han repetido miles de veces que «loro viejo no aprende a hablar», pero un descubrimiento asombrosamente optimista de la neurociencia –la neuroplasticidad– nos obliga a reconsiderar la desfasada idea de que, cuando llegamos a la madurez, la estructura física del cerebro es inmutable. El término *neuroplasticidad* se refiere a la capacidad del cerebro de cambiar y adaptarse como respuesta a acciones recién aprendidas o repetidas, una capacidad que se puede activar a través del sueño lúcido.

¿Cómo? El sistema neurológico no diferencia entre las experiencias en estado de vigilia y las del sueño lúcido, es decir, soñar lúcidamente algo no es para el cerebro como *imaginarlo*, sino realmente como *hacerlo*. El sueño lúcido es tan intenso que el cerebro empieza a funcionar de acuerdo con lo que estamos soñando. Esto significa, básicamente, que en los sueños lúcidos puedes *aprender* y *formarte*, e incluso provocar cambios duraderos en tu propio tejido cerebral.

Pero ¿cómo funciona todo esto? Con la activación de las zonas prefrontales del cerebro que va unida a la lucidez plena, podemos comenzar a participar de todo el potencial de la neuroplasticidad mientras dormimos. Durante los sueños lúcidos se pueden fortalecer los senderos neuronales y abrir otros nuevos, exactamente igual que cuando estamos despiertos. Por esto los soñadores que conscientemente realizan determinadas prácticas dentro de sus sueños lúcidos (por ejemplo, deporte, pintura o actos de bondad) crean y fortalecen los senderos neuronales asociados a esas prácticas, cuyo desarrollo es después más fácil cuando se está despierto.

Así pues, cada vez que actúas con coraje en un sueño lúcido fortaleces los senderos neuronales relacionados con el coraje en estado de vigilia. Y cada vez que tiendes la mano de la amistad a la mente inconsciente cimientas una relación que seguirá cuando despiertes.

En los sueños no lúcidos la neuroplasticidad no interviene en el mismo grado (así que no te angusties por ese sueño en el que estrangulabas a tu jefe), pero en los lúcidos, en los que tenemos capacidad para decidir qué hacer, podemos incidir en los senderos neuronales con las acciones que llevemos a cabo. Las consecuencias de tal realidad son de enorme importancia: podemos cambiar el cerebro mientras dormimos.

## EL ICEBERG DE LA MENTE

Sigmund Freud, padre del psicoanálisis y autor de *La interpretación de los sueños*, popularizó en gran manera el uso de los sueños con fines terapéuticos. Muchas de sus ideas parecen desfasadas, pero su modelo de psique es tan relevante hoy como hace cien años.

Las teorías freudianas llevaron a imaginar la mente como un iceberg, que, como sabemos, es mucho más grande debajo de la superficie. Esta comparación sentó la base de la distinción entre la mente consciente y la inconsciente. Freud pensaba que la parte inmediatamente reconocible de la mente, la «mente consciente», en realidad es el aspecto mucho más pequeño y que la mayor parte de la mente es «inconsciente»: la parte oculta debajo de la superficie.

Muchos piensan que no son más que aquello de lo que son *conscientes*: sus pensamientos, sentimientos, ideas y percepciones, pero todo esto solo es una parte de lo que realmente son. Lamentablemente, la mayoría de nosotros andamos como sonámbulos por la vida, limitados por lo que vemos flotando e inconscientes de la central de energía mental que hay bajo la superficie.

El inconsciente guarda enormes depósitos de información (todo lo que en un momento u otro hemos hecho, dicho, oído o visto) a los que la mente consciente solo puede acceder de forma limitada en estado de vigilia. Con la imagen de este iceberg podemos hacernos la idea de que aproximadamente el 10 % de nuestra mente es consciente, se puede observar y está al alcance de la conciencia racional despierta, mientras que en torno al 90 % es inconsciente,* a menudo irreconocible y de contenidos aparentemente irracionales, es decir, ilógicos para la mente consciente.

¿Cuál es, pues, una de las maneras más sencillas de explorar el inconsciente? A través de los sueños. Los sueños nacen y se alimentan principalmente de la mente inconsciente, de modo que explorar los sueños equivale a explorar el inconsciente. El sueño lúcido lleva esta exploración un paso más allá porque, como me dijo en cierta ocasión la especialista en hipnoterapia Valerie Austin, nos permite «acceder a estos datos directamente desde el inconsciente, sin que la mente racional o consciente los haya corregido».

Nuestra auténtica capacidad aguarda a que se nos revele, y cuando empezamos a trabajar en la formación de la mente con, por ejemplo, la meditación, la autohipnosis, el trabajo energético y, naturalmente, el sueño

* En un documental de la serie *Horizon* de la BBC titulado «El tamaño de la mente inconsciente», varios científicos pensaban que esa relación se aproximaba más al 95 % frente al 5 % a favor del inconsciente.

lúcido, empezamos a hacernos una idea de la profundidad del iceberg.

### ¿Quieres profundizar más?

Si la mente es como un iceberg, ¿cuál es el mar en el que flota? ¿Podemos acceder a este mar desde el interior del sueño lúcido? La respuesta es sí. Parece que cuando, a través de los sueños lúcidos, llegamos a las profundidades del iceberg, podemos explorar sus prolongaciones exteriores, un análisis que nos sitúa en el inconsciente colectivo transpersonal y más allá de él (volveremos al tema más adelante).

Con la práctica podemos incluso salir por completo del iceberg, a través de la membrana parcialmente permeable del sueño lúcido, para explorar la mente oceánica universal en la que flota esa enorme mole de hielo. Para más información sobre este tipo de exploración extracorpórea, puedes consultar mi libro anterior, *Dreams of Awakening*.

## RECOGER EL CORREO

Se dice que siempre que soñamos la mente inconsciente nos escribe una carta. Muchas personas no se preocupan de leer estas cartas, y algunas ni siquiera son conscientes de haberlas recibido, pero todos soñamos, y por ello todos recibimos cartas de nuestra mente soñante todas las noches. A veces son solo un resumen de lo sucedido durante el día, pero en otras ocasiones ofrecen profundas percepciones sobre nuestro actual estado mental. Cada sueño es único y cada noche se nos ofrecen nuevas cartas que leer.

Imagina que llevas toda la vida escribiéndole a un amigo todas las noches, perfectamente sabedor de que ese amigo ni siquiera se molesta en recoger el correo, y no digamos en leer las cartas. No obstante, sigues escribiéndole con obstinada constancia. Luego, un día ves que ese amigo por fin empieza a leer tus cartas. ¿Cómo te sentirías? Seguramente te embargaría una dichosa sensación de conexión con él que nunca habías sentido, y es posible que comiences a escribirle cartas más atrayentes y que le despierten mayor interés. Lo mismo ocurre con los sueños.

Pero ¿cómo podemos empezar a leer las cartas del inconsciente y dar testimonio de lo que intenta decirnos? Debemos comenzar por recoger el correo, es decir, comenzar a *recordar* los sueños. Con ello no solo adquirimos valiosos conocimientos sobre el contenido y el tono de la mente inconsciente, sino que le decimos que estamos dispuestos a escucharla. De repente, el remitente de la carta empieza a ser oído, al cabo de años de permanecer ignorado. ¡Qué alegría! Y ahora el inconsciente quiere escribir más cartas, esta vez de contenido más trascendente, y compartir ideas más profundas.

## Conocer al remitente

Un día decides que te gustaría conocer personalmente a ese amigo de las cartas, así que empiezas a practicar las técnicas del sueño lúcido que lo hacen posible. Esa noche, tienes un sueño plenamente lúcido. Quien te escribe las cartas está ocupado en esta tarea y, mientras escribe, de repente entras en el sueño.

Imagínate la alegría que sentirá al verte. Imagina lo que os decís. Piensa en la amistad que podríais establecer. Esto es lo que ocurre en los sueños lúcidos: por fin conocemos personalmente a quien ha estado escribiéndonos. Pero cuidado, porque quien nos escribe las cartas lleva años haciéndolo, y ahora que por fin tiene la oportunidad de hablar con nosotros, podemos estar seguros de que no se va a andar por las ramas: es posible que nos hable de cuestiones de mucha importancia. Esta es la razón de que los sueños lúcidos puedan ser experiencias tan intensas y reveladoras. Descubrimos aspectos de la mente que habían permanecido ocultos durante muchos años.

Pero no nos precipitemos. Antes de conocer al remitente de esas cartas debemos empezar por leerlas. ¿Cómo? Aprendiendo a recordar los sueños. El recuerdo de lo que soñamos no solo es la base de nuestra relación con el inconsciente, sino también la de la práctica del sueño lúcido. Esta es la base que vamos a sentar ahora al abrir la primera caja de herramientas de los sueños lúcidos y al analizar cómo recordar y documentar nuestros sueños.

Recordar el sueño es uno de los aspectos más importantes de la formación en el soñar lúcido. Algunos aseguran que hasta que recuerdas tus sueños de forma regular podrías estar teniendo sueños lúcidos todas las noches sin darte cuenta. Es posible que así sea, pero es mucho más probable que si no recuerdas los sueños probablemente no vas a tener muchos sueños lúcidos. ¿Por qué? Porque «cuanto más consciente eres de tus sueños, más fácil te será serlo *dentro* de tus sueños».[10]

## RECORDAR Y DOCUMENTAR LOS SUEÑOS

Lo habitual es tener cuatro o cinco períodos de sueño todas las noches, pero no todos los recordamos. Creo que la principal razón es que sencillamente no *intentamos* recordarlos.

En el primer taller de sueños lúcidos que dirigí, conocí a un caballero que estaba convencido de que no soñaba porque hacía años que no recordaba ningún sueño. Intenté explicarle que todos soñamos, pero no quiso escucharme. Sin embargo, al cabo de solo una semana de proponerse firmemente recordar sus sueños, me dijo: «Charlie, veo que llevo sesenta y dos años soñando, pero nunca he querido darme cuenta».

Así pues, si nos hacemos el firme *propósito* de recordar lo que soñamos, y si nos preocupamos de «darnos cuenta», prácticamente todos podremos recordar al menos *parte* de los sueños sin excesiva dificultad al cabo de solo un par de noches. Es así de sencillo:

## CINCO PASOS PARA ESTIMULAR EL RECUERDO DE LOS SUEÑOS

1. Proponte recordar tus sueños antes de que empieces a soñar. Antes de acostarte e incluso antes de quedarte dormido, repite mentalmente: «Esta noche voy a recordar lo que sueñe. Lo recordaré perfectamente».
2. Si quieres recordar lo que sueñas, intenta despertarte durante un período de sueño para que lo que estés soñando esté aún fresco en la mente. ¿Cómo sabemos cuándo ocurre así? Hablaremos de esto más adelante, pero las dos últimas horas del ciclo del sueño es cuando se producen los períodos de soñar más largos.
3. Ocurre a menudo que los recuerdos de lo que soñamos se sienten más en el cuerpo que en la

mente; por esto no debes olvidarte de analizar cualquier sentimiento físico que percibas al despertarte. A veces mi recuerdo del sueño es así de sencillo: «No consigo recordar gran parte del sueño pero me desperté con una sensación de alegría».

4. Si solo recuerdas un hecho o una sensación de lo que hayas soñado, intenta retrotraerte a partir de este punto hasta que reúnas todo el sueño. Cuando te despiertes, pregúntate enseguida: «¿Dónde estaba? ¿Qué hacía? ¿Cómo me siento?».
5. Si no consigues recordar el sueño enseguida, no dejes de intentarlo. Muchas veces me acuerdo de lo que he soñado mientras desayuno, o incluso después de comer cuando me quedo adormilado y mi mente está casi en estado de sueño. Date tiempo para recordar.

El más importante de estos cinco pasos es el primero: cuando estés a punto de dormirte, proponte recordar lo que sueñes.

La siguiente herramienta de nuestra caja es un clásico: el diario de los sueños, una práctica muy sencilla.

## EL DIARIO DE LOS SUEÑOS

- Cuando te despiertes de un sueño, recuerda de él todo lo que puedas y escríbelo o toma nota del modo que sea. No es necesario que registres hasta el mínimo detalle; ya te darás cuenta de lo que merece la pena anotar y lo que no.
- Concéntrate en los temas y los sentimientos principales, el relato general y cualquier circunstancia anómala del sueño que recuerdes. Registras tus sueños sobre todo para llegar a conocer su paisaje, su ambiente y su «territorio» (para más información sobre este mismo tema, consulta la caja de herramientas 2): tres aspectos que te ayudarán a reconocerlos lúcidamente.
- No es necesario que dediques media hora todas las mañanas a documentar lo que sueñes; en realidad te sorprenderá lo mucho que escribes en solo cinco o diez minutos. Yo raramente paso más de diez minutos escribiendo mis sueños cuando me despierto, pero les dedico más tiempo después, mientras desayuno.

Algunos prefieren escribir los recuerdos de lo que sueñan en la *tablet* o el móvil, pero a otros les gusta más el lápiz y papel. Ambos sistemas sirven.

**Extraño pero cierto**

Parece que una vida sana ayuda a recordar mejor lo que soñamos. En el yoga tibetano de los sueños la receta para recordarlos es «evitar contaminaciones e impurezas». Así que me temo que tendrás que olvidarte de ese Big Mac antes de irte a la cama. Para más información sobre una dieta propicia para los sueños, lee el capítulo siete.

### Parece pesado. ¿De verdad tengo que hacerlo?

Sí, tienes que hacerlo. Y mejor antes de continuar, porque si quieres aprender bien a soñar con lucidez, es *fundamental* que lleves un diario.

Cada vez que explicas los sueños por escrito refuerzas el hábito de valorarlos. Una vez que les des valor a los sueños empezarás a recordarlos con mayor naturalidad y facilidad. Te aconsejo que aunque no recuerdes ningún sueño, anotes en el diario una entrada. Un simple «Me desperté y no recordaba haber soñado nada» te ayudará a fomentar la costumbre de seguir con el diario todos los días.

Además, documentar los sueños es bueno para ti. Y no lo digo yo, te lo dice Carl Jung, pionero del trabajo con los sueños, quien pensaba que la provechosa integración del inconsciente se produce principalmente durante el sueño y que «recordar los sueños y escribirlos» mejora esta integración.[11]

Y si no crees a Jung, cree a tu madre. Una de las cosas más útiles que jamás hizo la mía fue animarme a que por la mañana le contara lo que había soñado. Sabía que era bueno para mí y, aunque por entonces yo no lo sabía, me ayudó a llevar una especie de diario oral en los años de mi formación. Esto me dio una base sólida para el trabajo con los sueños, con la que empecé a tener sueños lúcidos de forma consciente a partir de aproximadamente los siete años.

Debo decir, sin embargo, que no se debió a que yo fuera una especie de prodigio de los sueños lúcidos, sino que en realidad fue obra de la pereza. Aquellos sueños lúcidos de mi infancia eran consecuencia de que me hacía pis en la cama porque me daba mucha pereza levantarme para ir al lavabo. Recuerdo la sensación de vaciar la vejiga por completo durante el sueño y ser plenamente lúcido y consciente de lo que ocurría. Desde dentro del sueño, me decía: «No quiero salir de la cama para hacer pis. Mejor lo hago mientras estoy soñando».

Bien, basta de hablar de mí y de mi extraña y beneficiosa costumbre de hacerme pis en la cama. ¿Por qué tenemos que llevar un diario de los sueños? Porque al recordarlos descubrimos el territorio de nuestra mente soñante, y cuanto mejor lo conozcamos, más probable es que lo reconozcamos cuando estemos inmersos en un sueño lúcido.

**Vale, de acuerdo. ¿Algo más que deba saber?**

Escribe lo que sueñes tan pronto como lo recuerdes –sí, aunque sea en plena noche–. Es mucho mejor escribirlo enseguida porque por la mañana puedes haber olvidado hasta el sueño más memorable.

Ya sé que puede parecer un poco exagerado tener que garabatear en tu diario de los sueños a las cinco de la madrugada, pero pronto encontrarás el sistema que te sea menos engorroso. Sea ir al lavabo a escribir o tener una pequeña linterna en la mesita de noche para no despertar a tu pareja, encontrarás el mejor modo de hacerlo. En mi caso, utilizo el iPhone como diario de mis sueños, porque tiene luz y me cuesta menos teclear que escribir a mano. Luego me envío lo escrito por correo electrónico y a final de mes lo imprimo todo.

### ¿Quieres profundizar más?

Puedes incorporar al diario mapas mentales, diagramas araña y dibujos. Lo que importa es recordar el sueño: *cómo* lo hagas es secundario. Incluso puedes expresarlo con el baile. Una vez al año dirijo el retiro «Bailar y soñar» con la Escuela de Medicina del Movimiento, donde todas las mañanas «bailamos» lo que soñamos, de modo que la pista de baile es nuestro diario de los sueños.

¡Ah, y un último consejo!: no utilices grabadoras, a menos que seas superconsciente. Es difícil quedarse dormido mientras se escribe, pero no tanto mientras se habla, así que si intentas grabar el sueño sin estar plenamente consciente, es muy probable que acabes por grabarte mientras te quedas dormido.

Todo lo dicho debería bastar para que te inicies en el recuerdo y la documentación de tus sueños, pero si quieres dar un paso más, considera estos consejos de quien mejor sabe cómo recordar los sueños: Ryan Hurd, miembro de la Asociación Internacional para el Estudio de los Sueños.

## Consejos de un profesional: el diario de los sueños, con Ryan Hurd

- Utiliza el diario exclusivamente para los sueños, y nada más: nada de recetas, números de teléfono, listas de tareas pendientes o notas de clase. Procura que el diario te «atraiga»: puede ser un diario de piel y lomo cosido o la libreta sencilla de espiral que compraste en el supermercado, pero asegúrate de que querrás usarlo.
- Escoge un determinado bolígrafo y utilízalo solo para escribir en el diario. Tenlos siempre juntos.

- Guarda el diario en la mesita de noche o procura tenerlo a mano al acostarte. Compruébalo antes de dormir y proponte utilizarlo.
- Ten cerca una lámpara de leer o una linterna, para cuando te despiertes por la noche con algún recuerdo de lo que sueñas.
- Advierte a tu pareja. Es importante que sientas que tienes su permiso para encender la luz cuando lo necesites.
- Si te manejas bien con la tecnología, prueba con alguna aplicación de diario en la *tablet* o el móvil. Te recomiendo las aplicaciones de SHADOW, Dreamboard y DreamCloud.
- Escribe en el diario en cuanto te despiertes, antes de saltar de la cama. Si tienes poco tiempo, limítate a apuntar unas pocas frases significativas que después te refresquen la memoria.
- Yo escribo siempre en presente, como si lo acontecido en el sueño sucediera ahora.
- No te desanimes. Ten paciencia. Es posible que requiera cierto tiempo despertar por completo el recuerdo, pero lo conseguirás.
- Lee de nuevo los sueños de la noche anterior cuando te dispongas a dormir. Probablemente te sorprenderás porque recordarás del sueño más de lo que lo recordaste cuando lo escribiste.

Ryan Hurd es el autor de *Dream Like a Boss* [Sueña como un jefe] y editor de *Dream Studies Portal.* Para más información sobre sus consejos, puedes visitar www.DreamStudies.org

## LISTA DE COMPROBACIÓN DE CHARLIE ✍

- Antes de acostarte, proponte recordar tus sueños.
- Documenta los sueños al menos cinco de cada siete noches (lo mejor es siete de cada siete, evidentemente, pero no siempre es posible).
- Utiliza el sistema que prefieras (libreta/dispositivo digital/dibujo/baile) para hacer un seguimiento de tus sueños.
- Escribe lo que sueñes tan pronto como lo recuerdes.
- Cinco o diez minutos bastan para escribir lo que hayas soñado cuando te despiertes.
- Si sueñas que quieres hacer pis, procura despertarte.

2

# EL SEXO, EL DEPORTE Y EL BAGAJE PSICOLÓGICO

Las fantasías sexuales son muy habituales en los sueños lúcidos y no tienes por qué avergonzarte de ellas. De hecho, Patricia Garfield, autora del clásico *Creative Dreaming* [Sueños creativos], sostiene que el 75 % de los sueños lúcidos se inician en el orgasmo o algún tipo de actividad sexual, o se orienta hacia estos. (Suena muy bien, pero no creo que pudiera mantener el ritmo, Pat).

## EL SUEÑO ERÓTICO

Para muchos de los que se inician en los sueños lúcidos el sexo forma parte del juego. Y está muy bien, evidentemente, pero siempre advierto a la gente de que no se emplee *demasiado* en este aspecto porque, aunque puede ser muy divertido y se siente como algo extremadamente real, se puede convertir en una adicción preocupante, como descubrí cuando empecé con los sueños lúcidos en la adolescencia.

A los diecisiete años, después de meses de entrenamiento, comencé a tener sueños lúcidos con regularidad y acceso a una realidad virtual de increíble realismo donde no regían las normas sociales. Desconocía aún las prácticas budistas tibetanas del sueño lúcido que hoy enseño y, en el punto álgido de mis años adolescentes, no veía en el estado de sueño lúcido una posible base de formación para la acción iluminada. Era para mí un lugar ideal para tener fantasías eróticas.

**Extraño pero cierto**

Un estudio de la Universidad de Montreal sobre los sueños lúcidos concluyó que aproximadamente el 8 % de los relatos de sueños contenía alguna forma de actividad sexual. También descubrió que las famosas tenían el doble de probabilidades de formar parte de los sueños eróticos y que las parejas múltiples aparecían con doble frecuencia en los sueños de los sujetos varones.[1]

Me entrené para ser el coreógrafo de mis sueños lúcidos, y como tal actuaba en ellos para cumplir mis deseos. Con el desarrollo de mis habilidades, pronto conseguí que aparecieran parejas sexuales a mi voluntad, e incluso comencé a acostarme antes para reunirme con «las mujeres de mis sueños». Triste pero cierto.

Puede parecer una diversión inocua, pero por el fenómeno de la neuroplasticidad (repasa el capítulo uno) estaba creando sólidos senderos neuronales y hábitos relacionados con el hedonismo sexual descontrolado, unos senderos y hábitos que empezaron a activarse también mientras estaba despierto. Y de ahí, inevitablemente, los consiguientes problemas. Pero con el tiempo me di cuenta del profundo potencial del sueño lúcido, y de que dedicarlo solo a tener sexo era desperdiciar el tiempo.

Así pues, pásatelo bien, y si quieres tener sexo en tus sueños lúcidos, adelante, pero procura no quedarte estancado mucho tiempo en la fase del deseo. Creo que todo sueño lúcido (lo uses para lo que lo uses) es una experiencia potencialmente positiva, pero es evidente que puede proporcionar muchos más beneficios psicológicos que el de tener sexo con tu propio Yo.

### Extraño pero cierto

En uno de los primeros ensayos sobre el sueño lúcido, un equipo de investigadores de la Universidad de Stanford contrataron a un estudiante voluntario acertadamente llamado Randy,* al que se conectó a un monitor para analizar las ondas cerebrales y, lo que es más importante, a un medidor de la presión del pene (no me preguntes qué es ni cómo funciona), antes de decirle que se entregara a «la actividad sexual dentro del sueño lúcido». Todo ello controlado por varios miembros del equipo del laboratorio.

## EL GIMNASIO MENTAL NOCTURNO

«¿No tienes tiempo para practicar el deporte que más te gusta? ¿Demasiado cansado para ir al gimnasio después del trabajo? ¿Quieres maximizar tu potencial atlético? Imagina que pudieras entrenar mientras duermes y mejorar de verdad el rendimiento». Puede parecer el anuncio de un dudoso programa de pérdida de peso, pero es algo realmente posible. Con los estudios llevados a cabo en los últimos treinta años, hoy disponemos de pruebas convincentes de que la práctica de deportes en estado de sueño lúcido puede mejorar notablemente el rendimiento en estado de vigilia.

¿Cómo funciona? Los estudios demuestran no solo que «en los sueños lúcidos, los deportistas pueden explorar actividades más arriesgadas, practicar sin miedo

* Además de nombre de varón, *randy* significa «lascivo», «libidinoso» (N. del T.).

a las lesiones y desarrollar una mayor creatividad deportiva»,[2] sino también que pueden adquirir «nuevas habilidades senso-motoras». Entrenar en estado de sueño lúcido abre senderos neuronales que estarán presentes en estado de vigilia porque, como hemos visto, el sistema neurológico no distingue entre lo que experimentamos en el sueño lúcido y lo que experimentamos cuando estamos despiertos.

Pero ¿los deportistas no llevan décadas utilizando el entrenamiento imaginario, visualizando el rendimiento perfecto sentados en el banquillo? Así es, pero los resultados del entrenamiento en estado de sueño lúcido son mucho mejores que los del entrenamiento imaginario, porque los estudios demuestran que «la percepción de los sueños lúcidos se parece más a la del estado de vigilia que la imaginación»,[3] por lo que la efectividad de la práctica del sueño lúcido es mucho mayor que la de la visualización estando despierto.

Dicen los científicos que el mayor inconveniente de la visualización en estado de vigilia es que «si la técnica de la visualización mental se aplica mal, sin atención suficiente, las posteriores mejoras en el rendimiento motor estarán por debajo de lo habitual».[4] En cambio, el sueño lúcido resuelve el problema, porque se trata de la visualización más amplia posible y permite la aplicación más completa de la técnica.

## Un poco de ciencia

Según los científicos, la razón de que con la práctica mental mejoremos el rendimiento es que «la activación periférica de las zonas sensoriales suplementarias que se produce cuando imaginamos que realizamos actividades motoras genera una retroalimentación cinestésica por parte de los músculos y sienta la base del mecanismo del aprendizaje», aunque esos músculos no se muevan.

No sé tú, pero yo no he entendido ni una palabra de todo eso, así que veamos un ejemplo práctico.

El mejor ejemplo que he encontrado procede de la Cleveland Civic Foundation, de Estados Unidos. Sus investigadores descubrieron que cuando sujetos completamente despiertos *imaginaban* que levantaban pesas con los brazos quince minutos al día, cinco días a la semana y durante doce semanas, aumentaban realmente la fuerza de los bíceps una media del 13,5%, una mayor fuerza que se mantenía hasta tres meses después de dejar el ejercicio mental.[5] Si esto es lo que ocurría con la visualización estando despiertos, imagina lo que sería posible en nuestros sueños lúcidos.

Uno de los primeros estudios sobre el deporte en el sueño lúcido data de 1981, y en él participaron solo seis voluntarios, quienes, «después de practicar complejas habilidades deportivas que ya dominaban estando despiertos (como el esquí o la gimnasia), tenían la impresión de que, después de las prácticas en sueños lúcidos, mejoraban sus habilidades deportivas».[6]

Era un primer estudio interesante pero no concluyente. Después, en 1990, se realizó un estudio de caso que reveló, con deslumbrante claridad, el potencial del entrenamiento deportivo en los sueños lúcidos. Un especialista en artes marciales «duras» (taekwondo/*kickboxing*) que llevaba dos años intentando aprender artes «suaves» (aikido/taichí) consiguió cambiar su práctica en solo una semana entrenando en sus sueños lúcidos. El estudio explica que, después de esta semana de entrenamiento, el deportista «sorprendió a su instructor con una defensa casi perfecta».[7]

Veinte años más tarde, después de la publicación de un estudio decisivo sobre los sueños lúcidos utilizando la tecnología de imagen por resonancia magnética funcional, se desencadenó una nueva oleada de interés por el entrenamiento deportivo en sueños lúcidos. Investigadores de la Universidad de Heidelberg iniciaron una serie de investigaciones a mucha mayor escala, con la participación de más de ochocientos deportistas alemanes a quienes se pidió que utilizaran los sueños lúcidos para practicar sus deportes y especialidades atléticas. Se concluyó que «los sueños lúcidos tienen un enorme potencial como sistema de entrenamiento para deportistas y atletas» porque «imitan perfectamente el mundo real» pero sin las limitaciones de la realidad.[8]

Creo que este es uno de los aspectos más fascinantes de los actuales estudios sobre los sueños lúcidos, algo que hace que esa hora de más que nos pasamos en la cama parezca que se deba menos a la pereza.

## ¿Quieres profundizar más?

Si puedes practicar algún deporte en tus sueños lúcidos y, como consecuencia de ello, eres mejor deportista, imagina lo que sucedería si en ellos practicaras la bondad y la compasión. Con el sueño lúcido podemos entrenar para ser más amables, más cariñosos y más solícitos, exactamente igual que nos entrenamos para mejorar en el tenis o las artes marciales. Así que, decidas ser el próximo Bruce Lee o el próximo dalái lama, puedes empezar a practicar en tus sueños.

## DESCUBRIR NUESTRO BAGAJE PSICOLÓGICO

El sueño lúcido es un viaje a la mente inconsciente. Pero cuando entramos en el estado de sueño, no quedamos libres de nuestro bagaje psicológico sino que normalmente lo llevamos con nosotros. Es posible que nuestros miedos, hábitos y prejuicios no sean tan intensos en el sueño lúcido como cuando estamos despiertos (la mayoría de las personas se sienten mucho más seguras, alegres y con menos miedo cuando se hallan inmersas en un sueño lúcido), pero definitivamente siguen ahí. Lo sorprendente, sin embargo, es que tal realidad puede abrir oportunidades muy beneficiosas para descubrir, aceptar y sanar nuestro bagaje en el estado de sueño.

¿Tienes miedo a las arañas? La exposición gradual a ellas dentro del sueño lúcido puede servir para superar tal fobia de forma similar a la de la terapia conductual cognitiva. Al enfrentarse sin miedo a la fuente de una fobia (sean las arañas o cualquier otra cosa) dentro del sueño lúcido –teniendo siempre presente que todo es una proyección mental– quien padece esa fobia puede empezar a superarla gradualmente.

Sé de personas de todo el mundo que han utilizado los sueños lúcidos para desvelar diferentes aspectos de su bagaje psicológico. Una de ellas, varón, se servía de los sueños para analizar su conducta sexual –con un personaje onírico que le decía que era «la manifestación física de tu miedo a comprometerte»– y otra, una mujer, los empleaba para enfrentarse con quien abusó de ella cuando era niña y perdonarlo. Este potencial curativo es uno de los beneficios más profundos de la práctica del sueño lúcido.

### Extraño pero cierto

A veces, el inconsciente, si considera que no estás preparado para analizar un determinado asunto de forma segura, simplemente desatiende tu solicitud. Parece que hay en el inconsciente una especie de mecanismo inherentemente inteligente de autorregulación que sabe en qué medida estamos preparados para determinadas situaciones. En cierta ocasión pedí osadamente abandonar el sueño y que me llevaran al cielo. Enseguida apareció en el sueño un personaje con un portapapeles que me dijo: «¿El cielo? Todavía no estás preparado».

## TÚ PUEDES

Dos de los principales elementos de nuestro bagaje relacionados con la práctica del sueño lúcido son el miedo y la duda: el miedo a lo que podamos encontrar en el inconsciente y la duda que nos induce a pensar que no podemos tener sueños lúcidos o que estos están reservados para personas especiales. No tiene sentido. El sueño lúcido es para *todo aquel* que sueña. Si duermes, sueñas, y si sueñas, tu sueño puede ser lúcido: duermas en el parque o en un palacio, puedes acceder al sueño lúcido.

De hecho, es probable que todos los que estáis leyendo estas palabras ya hayáis tenido muchos sueños lúcidos, aunque no los recordéis. La razón es que los niños y los adolescentes sueñan lúcidamente de manera natural, no todas las noches ni todos los niños y adolescentes, pero la mayoría de ellos experimentan muchos sueños lúcidos como parte de su desarrollo psicológico.

En un artículo publicado en *New Scientist* en 2013, el autor se preguntaba por «la posibilidad de que el recableado de los circuitos cerebrales sea la causa de la mayor actividad en las regiones frontales del cerebro» que se han relacionado con la conciencia lúcida.[9] Que que los niños y los adolescentes tengan sueños lúcidos espontáneos revela dos realidades importantes: primera, que el sueño surge de la propia mente humana de forma natural y sin necesidad de estímulos (no es algo que otros impongan por la fuerza) y segunda, que no es necesario aprender a soñar con lucidez, solo *recordar* cómo hacerlo.

Servirte de una habilidad que aprendiste en la infancia es muchísimo más fácil que aprenderla desde cero en la madurez. Lo mismo ocurre con la capacidad de recordar cómo soñar lúcidamente.

## Superar el miedo

A muchas personas les asusta todo lo relacionado con los sueños lúcidos, una reacción habitual pero innecesaria ante lo desconocido. Según mi experiencia, quienes más miedo tienen son los que después más se benefician de la práctica –cuanto mayor es el dragón, mayor es la olla repleta de oro que custodia–.

Una vez en el sueño lúcido, nos vemos como realmente somos, con todos nuestros defectos. Es posible que la primera vez que esto ocurra nos impresione profundamente. En estado de lucidez nos podemos encontrar cara a cara con todo lo que intentamos eliminar cuando estamos despiertos. En la cultura tolteca de México, el sueño lúcido es un aspecto del «camino del guerrero», no porque batallemos contra la mente, sino porque para entrar sin miedo en el estado de sueño lúcido son necesarios la disciplina y el arrojo del guerrero.

Como decía antes, el sueño solo se te presentará sobre aquello para lo que estés preparado, pero, dicho esto, he observado que muchas personas no son conscientes de lo muy preparadas que están.

Otro aspecto del miedo a todo lo relacionado con los sueños lúcidos es que, de algún modo, «nos metemos en el inconsciente». No te preocupes, la lucidez no violenta en modo alguno la integridad del inconsciente sino todo lo contrario: facilita que aprecies mucho más esta integridad. Con la lucidez entramos en el sueño con los brazos abiertos, sin quebrantarlo.

Como realmente quebrantamos nuestros sueños es si *no* los recordamos, no participamos en ellos o no los tratamos con lucidez. La lucidez en el sueño es signo de amistad, respeto y veneración a ese espacio sagrado. Es la mano de la amistad tendida al misterio: pocas personas ven en el sueño algo más sagrado e importante que los soñadores lúcidos. Así pues, acepta la lucidez y entra sin miedo en el sueño.

## EL AUTOORIGEN

Estoy seguro de que muchos de vosotros, como entusiastas del sueño lúcido que sois, habréis visto la película *Origen*. Con ella el sueño lúcido llegó a las masas y, aunque contenía muchos errores (por ejemplo, disparar con un kalashnikov contra algunos aspectos del inconsciente), tenía muchas virtudes, entre ellas la idea de *originar* una idea en estado de lucidez.

En la película, un grupo de agentes especiales que pueden acceder a los sueños de la gente implantan, u *originan*, determinadas sugestiones en la mente inconsciente de quien sueña, para alterar sus actos cuando se despierte. Algo parecido podemos hacer con nosotros mismos, con la práctica de lo que denomino el «autoorigen».

El autoorigen es una técnica parecida a la que utilizan los hipnoterapeutas, y puede ser igualmente efectiva. Consiste en sembrar la semilla de una idea o sugerencia beneficiosa en el suelo fértil del inconsciente mientras tenemos un sueño lúcido. Con la lucidez la semilla penetra en los niveles más recónditos de la mente y puede afectarnos profundamente cuando estamos despiertos. En el budismo tibetano se cree que «la mente es hasta siete veces más poderosa»[10] en estado de sueño lúcido; por esto no cabe sorprenderse de que el autoorigen funcione tan bien.

¿Cómo se consigue esto? Entrando en el estado de sueño lúcido y atendiendo a las sugerencias o declaraciones de intenciones que nos puedan beneficiar. Por ejemplo, si tienes problemas con tu autoestima, cuando estés en un sueño lúcido, di: «Soy una persona querida, cariñosa y encantadora en todos los sentidos. Soy una persona querida, cariñosa y encantadora todos y cada uno de los días». Es una declaración de especial fuerza para utilizarla en los sueños o cuando estés despierto.

El autoorigen también funciona con la conducta adictiva. Del mismo modo que el hipnoterapeuta, el soñador lúcido puede implantar una sugestión beneficiosa destinada a alterar el patrón de comportamiento adictivo.

Otra posibilidad es ir directamente a la causa del problema, como descubrió el protagonista de nuestro primer estudio de caso. Antonio llevaba diez años batallando contra su adicción al tabaco, hasta que una noche, en estado de sueño lúcido, decidió pedirle a su cerebro que lo ayudara a dejarlo. Lo que ocurrió a continuación es asombroso.

## Estudio de caso: vencer la adicción a la nicotina

**Soñador:** *Antonio, Reino Unido*
**Edad:** *37 años*

**Declaración de Antonio:** *Llevaba diez años fumando cuando sucedió. Había escuchado la charla de Charlie en la tienda montada al aire libre durante la Secret Garden Party,* una charla que me motivó para intentar resolver el problema de mi adicción. Ah, y quede claro que ese fin de semana estaba completamente sobrio (no soy de los que no paran de beber, ni tengo tampoco más problemas), pero fumaba, como de costumbre. Sin embargo, aquella noche me fumé los que resultaron ser los últimos cigarrillos de mi vida.*

**Su explicación del sueño:** *Estaba en medio de un sueño en el que corría alrededor de un castillo. Había otros personajes, unos corriendo conmigo y otros lejos de mí. Capté un reflejo mío y observé una especie de pegamento azul que me salía de la cara y el cuerpo, y pensé: «¡Qué raro!». Luego me pregunté: «¿Estoy soñando?», y me fijé en la palma de la mano, como había indicado Charlie. Vi que estaba cubierta por aquel pegamento, y me di cuenta de que estaba soñando.*

* Festival anual de arte y música independiente.

*En ese punto me inquieté muchísimo, pero recordé que me debía calmar para evitar despertarme. Me dije: «Vale, respira. Tranquilízate». Después observé que uno de los personajes que corrían a mi lado, una mujer joven, se quedaba mirándome tranquilamente. Y ahí empezamos a hablar:*

| | |
|---|---|
| *Yo:* | *¿Estoy soñando?* |
| *La mujer:* | *Sí.* |
| *Yo:* | *¿Quién eres?* |
| *La mujer:* | *Soy tu mente.* |
| *Yo:* | *¿Cómo? ¿Que tú eres mi mente?* |
| *La mujer:* | *Sí. ¿Qué te gustaría hacer?* |
| *Yo:* | *Pues… ¿Puedo hacerte una pregunta?* |
| *La mujer:* | *Claro.* |
| *Yo:* | *Me preocupa mi salud y quiero saber si todo va bien.* |
| *La mujer:* | *Estás bien, completamente sano. Pero haznos a todos el favor de dejar de fumar. Nos molesta.* |
| *Yo:* | *Vale, de acuerdo. ¿Qué te parece si siempre que me apetezca un cigarrillo haces que lo piense o me ocupe en otra cosa?* |
| *La mujer:* | *Claro. Es muy fácil.* |

*De repente me despierto en la tienda. Despierto a mi amigo, que está a mi lado, y le digo: «Acabo de tener un sueño lúcido». Él me responde: «Cuéntaselo a todos», y a continuación ya no estoy en la tienda sino en un coche con otras personas en el asiento trasero. Me doy cuenta de que sigo soñando. ¡Es un falso despertar! Luego me despierto de verdad, en la tienda y en plena fiesta.*

**La vida a partir del sueño:** *Sé que cuesta creerlo, pero desde aquel sueño no he vuelto a fumar, y hace ya casi seis meses. Estoy muy contento e impresionado por la fuerza de lo sucedido. Parece como si el efecto del sueño hubiera durado lo suficiente para acabar con la adicción. Incluso he estado en compañía de gente que fumaba y nunca he tenido deseos de fumar. También he viajado mucho y en los aeropuertos no me apetecía fumar, como siempre hacía antes. Todavía no me lo creo.*
*No, no puedo creerlo, y hace unas semanas, cuando mi amigo me pidió que fuera al supermercado a comprarle unas cosas, compré todo lo de la lista pero me olvidé por completo de los cigarrillos. Creo que mi mente hace que piense en otra cosa. Raro, ¿verdad?*

Es un caso particularmente interesante por dos razones. En primer lugar, Antonio no hizo prácticamente nada para propiciar el sueño lúcido, aparte de escuchar una charla de cuarenta y cinco minutos que yo había dado en un festival de música el día anterior. En segundo lugar, los resultados fueron espectaculares: curado de diez años de adicción a la nicotina en un sueño lúcido. En el momento de entrar en imprenta este libro, han transcurrido ya dieciocho meses desde que Antonio se fumó el último cigarrillo.

Antonio consiguió entrar en aquel sueño lúcido sin gran esfuerzo, pero con una muy buena razón –dejar de fumar– y una mente inconsciente muy colaboradora, sin embargo, muchas personas, incluido yo mismo, necesitamos conocer las herramientas del oficio para poder tener sueños lúcidos de forma regular. Vamos, pues, a abrir la segunda caja de herramientas de las técnicas del sueño lúcido y hagamos que este se produzca.

## CAJA DE HERRAMIENTAS 2: EXPLORACIÓN DEL TERRITORIO

Como bien sabe cualquier explorador, antes de iniciar una aventura es fundamental conocer el territorio. Por lo tanto, para ser lúcidos en los sueños, necesitamos explorar el territorio en el que se producen.

Mi maestro de meditación y mentor es Rob Nairn, especialista en meditación *mindfulness* y nacido en Zimbabue. Rob dedicó gran parte de su juventud al estudio del bosque africano meridional, y un día me habló de la idea de «ojos de bosque». Parece ser que las personas que van mucho por el bosque desarrollan la capacidad de verlo con mayor claridad, con una visión amplia y panorámica, de modo que casi nunca pisan alguna serpiente ni tropiezan con los troncos. Sus ojos se han adaptado tanto al terreno que ven con toda claridad mientras se mueven por él. Han adquirido «ojos de bosque».

De modo parecido, quienes dedican mucho tiempo a trabajar con los sueños suelen desarrollar una especie de «ojos del sueño», con los que reconocen el territorio de su mundo onírico tan bien que pueden evitar, por así decirlo, pisar serpientes o tropezar con troncos.

El trabajo con los sueños es un proceso de reorientación con el que exploramos el territorio de nuestro mundo de los sueños desde una nueva perspectiva de indagación e interpretación. Uno de los aspectos fundamentales de los sueños, que debemos investigar e interpretar, son las señales de sueño.

## LAS SEÑALES DE SUEÑO

Si te tapara los ojos y te llevara a una panadería, reconozco que, aun así, podrías decirme dónde te encuentras, ¿no? Aunque no vieras la panadería, los olores, los sonidos y el ambiente bastarían para situarte. Has sentido los olores de la panadería y has vivido su ambiente tantas veces que puedes reconocerla aunque lleves los ojos vendados.

Del mismo modo, podemos reconocer el estado de sueño aunque la no lucidez nos tape los ojos. ¿Cómo? Llegando a conocer sus imágenes, sonidos y ambiente exclusivos. A partir de ellos puedes percibir las señales de sueño.

Una señal es cualquier aspecto improbable, imposible o extraño del sueño que pueda indicar que estamos soñando. La mayoría de los sueños están repletos de señales de este tipo, situaciones tan raras como perros que hablan y parientes fallecidos pero que en el sueño están vivos o tan sutiles como que estamos de nuevo en la escuela. Por regla general, si es algo que normalmente no ocurre en la vida real, puede ser perfectamente una señal de sueño.

Hay muchas clases de señales de sueño, pero las clasifico en tres grupos principales.

- **Anómalas**: rarezas casuales y excepcionales, como peces que hablan o bebés ninja.
- **Temáticas**: temas o escenarios oníricos, como regresar a la escuela o verse desnudo en público.
- **Recurrentes**: señales de sueño que aparecen de forma repetida. Una auténtica bendición para los soñadores lúcidos.

Una de las principales razones de llevar un diario de los sueños (consulta la caja de herramientas uno) es registrar y clasificar nuestras señales personales de sueño. Pero ¿cómo conduce todo esto al sueño lúcido? Con el reconocimiento de nuestras particulares señales de sueño, cuando estamos despiertos generamos un *desencadenante* de la lucidez que se activará la próxima vez que veamos esa señal de sueño y, con ello, se pondrá en marcha el sueño lúcido.

## CINCO PASOS PARA ADVERTIR LAS SEÑALES DE SUEÑO

1. Cuando hayas recordado y puesto por escrito tus sueños, vuelve a leerlos, esta vez para buscar sus señales.
2. Si soñaste que ibas paseando por la calle y viste a Barack Obama de pie junto a un dragón azul, las señales de sueño serían «Barack Obama» y «dragón azul». A menos, claro está, que seas Hillary Clinton, en cuyo caso ver a Barack Obama no sería una señal de sueño, sino un elemento de tu vida cotidiana. El dragón azul, en cambio, seguiría siendo una señal de sueño.
3. Si has soñado con un dragón azul varias veces, sería una señal recurrente de sueño. Las señales recurrentes representan repetidas oportunidades de alcanzar la lucidez.
4. Una vez detalladas tus señales de sueño, proponte decididamente fijarte en ellas en el futuro. El esfuerzo impregnará tus sueños y, al final, empezarás a reconocer las señales de sueño mientras sueñas en estado de lucidez.

5. Antes de acostarte, recuérdate una y otra vez: «Cuando vuelva a ver a Barack Obama (o cualquiera que sea tu señal), sabré que estoy soñando». Luego, cuando esa señal aparezca de nuevo en tu sueño, se activará el desencadenante de la lucidez y hará que pienses espontáneamente: «¿Barack Obama? ¡Ajá!, es una señal de sueño; debo de estar soñando».

Cuando hayas descubierto las señales de sueño, ponte el objetivo de reconocerlas la próxima vez que aparezcan. Una señal de sueño clásica es la rana que habla, como ocurre en el siguiente cuento.

## La rana del pozo

*Había una vez una rana que vivía en un pozo. Aquella rana nunca había salido de su pozo y ese era para ella todo su mundo. Un día saltó al pozo una rana procedente del océano y, después de los saludos de cortesía, la rana del pozo hizo una pregunta a la del océano:*

*–Entonces, ¿dónde vives?*

*La rana del océano contestó:*

*–Vivo en el océano.*

*–¿El océano? ¿Y qué es eso?*

*La rana del océano estuvo pensando un rato, y después contestó:*

*–El océano se parece un poco a tu pozo, pero es mucho, muchísimo más grande.*

*La rana del pozo no podía entender que hubiera algo más grande que su pozo.*

*–¿Más grande que mi pozo? ¡Imposible! Tu océano debe de ser una cuarta parte de lo que es mi pozo.*

*–No, no, el océano es mucho más grande que tu pozo –protestó la rana del océano.*

*–Bueno, en ese caso, la mitad de mi pozo.*

*–¡Que no! Es el océano. Grandísimo, enorme, inmenso.*

*–¿De verdad? ¿Tan grande? Bueno, pues digamos que tu océano debe de ser más o menos como mi pozo.*

*Desesperada, la rana del océano respondió:*

*–Mira, ¿por qué no vienes a ver el océano tú misma?*

*Segura y ofendida, la rana del pozo dijo:*

*–De acuerdo, vamos.*

*Así que las dos ranas salieron de un salto del pozo y bajaron por un camino por el que la rana del pozo nunca se había atrevido a ir. Al final del camino se abrió la vista del vasto océano. La rana del océano sonrió y dijo:*

*–¿Lo ves? Mucho más grande que tu pozo.*

*La rana del pozo contempló asombrada la inmensidad del océano y a continuación la cabeza le estalló en mil pedazos. Fin.*

Probablemente te preguntes qué demonios tiene que ver esta extraña historia de unas ranas exquisitamente educadas y cabezas que estallan en mil pedazos con los sueños lúcidos, ¿verdad? La cuestión es que la mayoría de las personas vemos nuestros sueños como la rana del pozo veía su mundo: limitado, subjetivo y carente casi por completo de valor. Pero la realidad es que nuestros sueños pueden ser experiencias de percepción y claridad oceánicas que hacen que nuestras limitaciones (y no nuestra cabeza) estallen en mil pedazos.

¿Cómo podemos, pues, aprender a ver más allá del pozo? El primer paso es creer que es posible. El siguiente es pedir activamente acceso a esas partes más profundas de la mente. Pidiendo activamente a nuestros sueños que nos permitan ver más allá del «pozo de nuestra propia experiencia», podemos empezar a soñar con muchísimas menos limitaciones.

El siguiente ejercicio de meditación guiada está pensado para que nos ayude a tenderle la mano a nuestro inconsciente, pedirle que nos enseñe sus profundidades oceánicas y que estas nos muestren señales de sueño, percepciones y oportunidades para ser lúcidos.

### VER MÁS ALLÁ DEL POZO

En este ejercicio pedimos «ver más allá del pozo» pero antes de hacerlo nos mostramos agradecidos:

primero al cuerpo, después a la mente y por último a nuestro soñador interior y los sorprendentes sueños que crea. Podemos realizar la meditación primero durante el día y después, cuando ya recordemos todos los pasos, en el estado hipnagógico que precede al sueño. También se puede escuchar una grabación del ejercicio.

## Paso 1

- Ponte en posición cómoda y relajada, sentado con la espalda erguida o tumbado.
- Respira por la nariz o la boca, como prefieras, y adquiere conciencia de la respiración.
- Abandona cualquier idea de detener los pensamientos o vaciar la mente. Limítate a respirar y sigue las orientaciones para esta meditación. Deja que los pensamientos vayan y vengan con naturalidad, simplemente sabiendo cuándo inhalas y cuándo exhalas.
- Después de unos minutos, pasa la atención de la respiración al cuerpo. Sé consciente de tu cuerpo tal como está sentado o tumbado en el espacio. Deja que te embargue un sentimiento de gratitud hacia él.

## Paso 2

- Te invito a que primero te concentres en las piernas. *Siéntelas* de verdad y dedica un momento a considerar y reconocer el increíble trabajo que hacen. ¡Tus piernas son asombrosas! Pero ¿alguna vez les has dado las gracias?

- Dedica ahora un par de minutos –a tu manera, en tu mente– a mostrar gratitud a las piernas. Di «gracias» a tus piernas.
- A continuación, concéntrate en los brazos y las manos. Con estas extremidades puedes escribir, comer, tocar, abrazar. Tus brazos y tus manos son fascinantes. Dedica un par de minutos a agradecerles el magnífico trabajo que realizan. Di «gracias» a tus brazos y tus manos.
- Ahora, lleva la atención a todo el cuerpo y a tu agradecimiento. Sé consciente de todo tu cuerpo sentado o tumbado en el espacio. Toma conciencia de los pies, las piernas, el vientre, el pecho, las manos, los brazos, el cuello y la cabeza. Sé consciente del aparato digestivo, el sistema nervioso, el corazón que no deja de palpitar.
- ¡Qué milagro es tu cuerpo! Extraordinario. Siempre trabajando sin descanso y siempre dando lo mejor de sí. Por enfermo o dañado que pueda parecer, tu cuerpo siempre intenta rendir al máximo, así que vamos a agradecérselo. Dedica unos segundos a decir «gracias» a todo tu cuerpo.
- Ahora pasa la atención de lo físico a lo mental. Toma conciencia de tu mente y agradécele su genialidad y creatividad. Di «gracias» a tu mente.

- Por último, lleva la conciencia a tu soñador interior, la parte de tu mente inconsciente que representa tus sueños. Dale las gracias al soñador, agradécele los sueños. Di «gracias» a tu soñador interior

## Paso 3

- Al dar las gracias a tu cuerpo, tu mente y tu soñador interior has abierto una línea directa de comunicación con lo más profundo de ti, y es a esta parte más profunda a la que ahora diriges tu solicitud.
- Pide «ver más allá del pozo». Como hizo la rana, pide ir más allá de tus limitaciones y tener sueños que te permitan ver la inmensidad del océano de tu propio potencial. Pídele a tu soñador interior que te deje «ver más allá del pozo».
- El soñador forma parte de ti, los sueños que crea son parte de tu mente, así que pide lo que quieras averiguar, lo que desees que los sueños te muestren. Pide sueños de percepción, pide sueños lúcidos, pide ver el océano de tu potencial.
- Por última vez, pídele a tu soñador, con tus propias palabras y a tu manera, que te deje ver más allá del pozo ahora.
- Y para terminar, emplea un par de minutos en dedicar la provechosa energía de esta meditación a todos los seres.

Una vez concluido este ejercicio de meditación, escribe todos y cada uno de tus sueños –en especial los de la noche inmediata, y los de la siguiente también– porque acabas de pedirle algo muy importante a tu soñador interior, y es posible que te encuentres con que tus sueños se agrandan, muy pronto.

## EL MAPA DEL SUEÑO

Del mismo modo que el territorio de un país está dividido en partes en el mapa, el territorio del sueño está también cartografiado en varias partes. Por lo tanto, si queremos soñar con lucidez, debemos saber *cuándo* es más probable que soñemos, para así poder planificar la práctica del sueño lúcido.

Teniendo esto presente, vamos a dedicar un momento a descubrir la tierra en la que pasamos un tercio de la vida. En la actualidad, la mayoría de los científicos del sueño lo dividen en cuatro fases.*

### Fase 1. Estado hipnagógico

Es la primera fase del sueño: el estado hipnagógico. Se trata de un sueño muy ligero, que muchos perciben más como somnolencia que como sueño, y a menudo va acompañado de patrones de ondas alfa cerebrales de vigilia relajada. El aspecto más reconocible de la fase

* Los científicos del sueño hablaban antes de cinco fases del sueño, pero en 2007 la Academia Americana de la Medicina del Sueño decidió agrupar las fases tres y cuatro, de modo que hoy son cuatro fases.

uno es la imaginería hipnagógica: las alucinaciones fantasiosas que se encienden y apagan ante los ojos cuando nos adormecemos.

### Fase 2. Sueño ligero, sin sueños

La mayoría de las personas experimentan esta fase como un sueño ligero y carente de sueños. Hemos pasado de la fase hipnagógica semiconsciente a la fase oscura del sueño, pero aún no hemos empezado a soñar.

### Fase 3. Sueño profundo

Ahora profundizamos mucho más en el sueño, el cerebro empieza a producir ondas delta y entramos en el nivel más profundo del sueño sin sueños. Es la fase del sueño restaurador, el estado en que liberamos la hormona del crecimiento humano, reparamos las células y cargamos las pilas. Si despiertas a alguien que esté en esta profunda fase tres, oscura y de ondas delta, lo habitual es que se sienta mareado y desorientado.

### Fase 4. Movimiento rápido de los ojos (REM)

En esta fase el cuerpo se paraliza, el cerebro está muy activo y soñamos. Es posible que en todas las fases del sueño haya alguna que otra imagen onírica, pero en la fase REM es cuando más soñamos.

Lo habitual es tener cuatro o cinco ciclos de sueño de noventa minutos cada noche, y una característica de todos ellos son los sueños REM. Esto significa unos cuatro o cinco períodos de sueños REM por noche, es decir, casi mil ochocientos sueños al año y bastantes más de cien mil a lo largo de toda la vida. Son más de cien mil oportunidades de experimentar un sueño lúcido.

## EL VIAJE AL INTERIOR DEL SUEÑO

No *nos dormimos* sin más. El sueño es un viaje cíclico, del sopor en estado de vigilia a lo más hondo del sueño profundo para ascender después al reino de los sueños.

Echemos un vistazo al mapa del sueño. Cuando nos quedamos dormidos, el paso inicial de la fase uno a la tres ocupa aproximadamente media hora. Después de otros treinta minutos de sueño profundo, volvemos brevemente a la fase dos, y a continuación, en lugar de seguir retrocediendo hasta la fase uno hipnagógica, entramos en fase REM y empezamos a soñar.

Los ojos muestran movimientos rápidos, el cuerpo se paraliza y vivimos la experiencia de imágenes, relatos y emociones que llamamos sueño. Como hemos visto antes, soñar es un estado del sueño activo: mientras soñamos no descansamos.

El primer período de sueños suele durar unos diez minutos, de modo que todo el ciclo, desde el estado hipnagógico hasta el final de la primera fase REM, normalmente ocupa unos noventa minutos. Repetimos este ciclo de noventa minutos muchas veces a lo largo de la noche, pero en cada uno vamos dedicando más tiempo al sueño REM y menos al sueño profundo. Con las fases REM que se van alargando progresivamente, las dos últimas horas que permanecemos dormidos se componen casi por completo de sueños.

También en esas dos últimas horas es cuando entramos más fácilmente en los sueños desde el estado de vigilia. Esto las convierte en el momento ideal para el sueño lúcido. Se pueden tener sueños lúcidos en las primeras horas del ciclo del sueño, pero en ellas los períodos de sueño son cortos y la mente puede estar bastante confusa. En cambio, en las últimas horas dispones de períodos de sueño más largos y, además, ya has dormido unas cuantas horas, de modo que la mente está fresca y dispuesta a emplearse en el sueño lúcido.

Cuando te despiertas (en cualquier punto del ciclo del sueño), siempre pasas a un estado llamado hipnopómpico. Es un estado al que se presta muy poca atención, pero es la puerta de paso del sueño a la vigilia y, si sabemos aprovecharlo, reporta algunos de los mejores beneficios. En la caja de herramientas número seis te hablaré del uso de todo el potencial de la fase hipnopómpica.

La mayoría de las personas siguen el patrón de sueño que acabamos de ver, pero es posible que no estés entre esta mayoría, así que lo que te interesa es saber cómo duermes *tú*, no cómo lo hacen todos los demás.

Recuerda: la primera mitad de la noche es principalmente de sueño profundo con breves períodos de sueños y la segunda parte, principalmente de sueños sin entrar mucho en el sueño profundo.

## El estado hipnagógico

Una de las partes más accesibles del viaje al interior del sueño se encuentra en el estado hipnagógico: el estado mental de transición entre la vigilia y el sueño. Es la fase intermedia y de adormilamiento que se suele caracterizar por las imágenes hipnagógicas: las muestras visuales o a veces conceptuales que experimentamos cuando nos vamos quedando dormidos.

Estas alucinaciones hipnagógicas están compuestas de recuerdos del día, preocupaciones mentales y muestras del contenido de la mente. Para la mayoría de las personas, el estado hipnagógico puede parecer completamente absurdo, pero si logras familiarizarte con él podrás convertirlo en fuente de gran creatividad.

Siempre que nos quedamos dormidos pasamos por el estado hipnagógico, de modo que todos los días tenemos la oportunidad de abordarlo con plena conciencia. Como la raíz de la propia palabra *hipnagógico* revela, este estado tiene semejanzas con el estado de trance hipnótico. Mi maestro de hipnosis, Mervyn Minall-Jones, que en paz descanse, me dijo en cierta ocasión (con su peculiar acento): «Amigo Charlie, entras en estado de hipnosis dos veces al día. En el estado hipnagógico, cuando te quedas dormido, y en el hipnopómpico, cuando te despiertas».

Cuando entramos en el estado hipnagógico, podemos experimentar unos espasmos repentinos conocidos como «tirones mioclónicos». Algunos estudiosos piensan que son retrocesos evolutivos a los tiempos en que dormíamos en los árboles: el tirón nos ayudaba a mantenernos conscientes del espacio en el que dormíamos y así no caíamos del árbol.

Lo habitual es «caerse» dormido, pero si de verdad queremos conocer el territorio de lo hipnagógico, es necesario que, más que caer, *flotemos*. El estado hipnagógico tiene un gran potencial, pero ¿cómo podemos permanecer en él más de los aproximadamente diez minutos que normalmente nos cuesta quedarnos dormidos? Sencillamente, tenemos que aprender a mantenernos en él.

## CINCO PASOS PARA MANTENERNOS EN EL ESTADO HIPNAGÓGICO

El objetivo de esta práctica es permanecer en el estado hipnagógico con plena conciencia y sin entrar en el sueño que le sigue. Más que un ejercicio de sueño lúcido, es una práctica del *mindfulness* del dormir y los sueños, pero mi consejo es este: procura conocer bien tu estado hipnagógico porque es la puerta de entrada a los sueños. La mejor manera de ampliar la experiencia del estado hipnagógico es entrar en él durante el día. Así:

1. En el momento en que te sientas adormecido pero no excesivamente cansado, busca un sitio donde tumbarte. Si quieres, encima de la cama, pero no dentro de las sábanas. No queremos dormirnos, recuerda.
2. Pon el despertador para que suene veinte minutos después (por si te quedas dormido) y limítate a estar tumbado de espaldas con la cabeza sobre la almohada y los ojos cerrados.
3. Después de comer, es habitual que, en unos cinco a quince minutos, entremos en estado hipnagógico. Cuando lo hagas, procura permanecer en él unos diez minutos si puedes. En tal estado limítate a descansar, observando las imágenes y consciente de las olas de somnolencia que rompen en él. Mantener la conciencia de la respiración y de las sensaciones de tu cuerpo te ayudará a no dormirte.
4. Cuando a los veinte minutos suene el despertador, recupera suavemente la plena conciencia del estado de vigilia.
5. Otra posibilidad es que te acuestes media hora antes y te dejes flotar a conciencia hacia el interior del sueño más despacio de lo habitual. Averigua qué te funciona mejor y disfrútalo.

Si te gusta cómo suena este ejercicio, quizás te apetezca consultar mi CD de meditaciones guiadas del sueño –*Lucid Dreaming, Conscious Sleeping* (en inglés)–, donde encontrarás una meditación hipnagógica guiada de veinticinco minutos. Lo puedes comprar o descargártelo *online*.

## LISTA DE COMPROBACIÓN DE CHARLIE ✍

- Explora el territorio donde duermes y sueñas. Recuerda: el objetivo son los «ojos de bosque».
- Hay tres tipos de señales de sueño: anómalas, temáticas y recurrentes. Registra las tres pero fíjate de modo particular en las recurrentes.
- Pide «ver más allá del pozo» y deja que estallen tus limitaciones, como estalló la cabeza de la rana.
- El sueño tiene cuatro fases: la hipnagógica, la del sueño ligero, la del sueño profundo y la REM, en la que se producen los sueños. Los períodos REM se alargan a medida que avanza la noche, así que presta atención a las últimas horas de tu ciclo del sueño.
- Aprende a mantenerte en el estado hipnagógico; muchas de las técnicas que veremos más adelante se basan en la capacidad de mantener la conciencia en este estado, por lo que merece la pena practicarlo.
- No olvides llevar un diario de los sueños.

# 3

# LOS TRES PILARES, LAS VÍAS PROFESIONALES Y LA CREATIVIDAD

Ahora que empiezas a «ver más allá del pozo», a soñar profundamente y a percibir las señales de sueño, seguramente te darás cuenta de lo raro que puede ser el mundo onírico. Lo más importante que debes recordar es que cualquier cosa que aparezca en tus sueños está bien, cualquier contenido es correcto, sin más.

Los sueños aterradores, los eróticos y los violentos son simplemente manifestaciones de la mente soñante, y no hay que juzgarlos con los principios con los que nos regimos cuando estamos despiertos. En esta actitud de aceptación acrítica se basa mi modo de enseñar a soñar con lucidez en mis talleres, y también mi sistema de los «tres pilares».

## LOS TRES PILARES DE LA LUCIDEZ

He enseñado a soñar lúcidamente a miles de personas, y al observarlas me he dado cuenta de que hay tres principales cualidades que llevan a la práctica beneficiosa y fructífera del sueño lúcido. Son estas cualidades las que distinguen al turista del viajero, a quienes tienen sueños lúcidos solo para ver el paisaje y quienes lo hacen para descubrir nuevos reinos de posibilidad. Estas cualidades son la aceptación, la cordialidad y la bondad: los tres pilares de la práctica de la lucidez.

### La aceptación

Cuando adquirimos conciencia de nuestros sueños, debemos aceptar que todo lo que experimentamos, o como mínimo el 99 %, forma parte de nuestra propia mente. Por oscuro, violento o perturbador que pueda parecernos lo que soñamos, hemos de intentar comprender que solo es una parte de nuestra psique oceánica que simplemente quiere manifestarse. La mente inconsciente desea que la veamos, pero para ello hemos de abandonar la idea de que el sueño es de algún modo independiente de nosotros.

Cuando las personas encuentran algo «malo» o desagradable en sus sueños, sean estos lúcidos o no, suelen pensar que tienen la obligación de intentar cambiarlo o «corregirlo». No es sensato ni necesario, porque contemplando estos aspectos desconocidos del inconsciente permitimos que partes reprimidas de nuestra psique se integren de modo natural. Es como manifestó en cierta ocasión el maestro espiritual Krishnamurti: «Ver es hacer», pero depende de que aceptemos que lo que *vemos* forma parte de nosotros.

Hablé hace poco de este tema con el especialista en *mindfulness* Rob Nairn, y me dijo que «la aceptación crea las condiciones para el cambio de forma inmediata, mientras que la no aceptación provoca una batalla interior y un conflicto psicológico porque luchamos literalmente con nuestro yo». Añadió que «la fuerza psicológica del ver es todo lo que necesitamos para tener percepciones. No hemos de hacer nada más que ser testigos de lo que la mente nos muestra y aceptarlo».[1]

Es importante señalar que «aceptación» no significa aquí la aprobación de estados o situaciones mentales negativos. La aceptación es una cualidad de la mente que es requisito previo para intervenir con ánimo comprensivo en una situación y poder trabajar con ella.

Conozco a soñadores que piensan que fuerzas oscuras exteriores entran en sus sueños lúcidos, cuando la realidad es que simplemente se encuentran con su propia «sombra»: una magnífica ocasión para la integración del sueño lúcido que tantas veces se pierde por simple falta de aceptación. En el capítulo siguiente te hablaré con detalle de la integración de la sombra.

## La cordialidad

Una vez que aceptamos que el 99 % de todo lo que vivimos en los sueños lúcidos forma parte de nuestra psique, podemos ocuparnos del segundo pilar de nuestra práctica: la amistad. Es una amistad incondicional con todas las situaciones que se presenten en el sueño, sean buenas o malas: amistad con nosotros mismos, con los personajes del sueño, con las manifestaciones aparentemente «negativas» y con las positivas. La actitud de amistad nos permitirá ver la imagen completa del sueño, incluido todo lo que se ocultaba a la vista.

Mingyur Rinpoche, maestro budista tibetano, dice: «Si rechazas una emoción mental negativa, te convertirás en tu enemigo. ¿Qué debemos hacer, pues, con la emoción negativa? ¿Cuál es el mejor método? Afrontarla, hacernos amigos de ella». Lo mismo ocurre con los sueños lúcidos. Si aceptamos que casi todo lo que compone el sueño es parte de nosotros, ¿por qué no íbamos a ser amigos de ello?

## La bondad

Y por último, el tercer pilar de una práctica sólida de los sueños lúcidos es la bondad. Debes contemplar desde la bondad todo lo que ocurra en el sueño, porque todo tiene que ver contigo. Bueno, el 99 %. ¿Y qué ocurre con el fundamental 1 % que puede ser algo distinto de tu mente? Hablaré de ello más adelante pero, hasta entonces, sé amable también con este 1 %. Como dijo el dalái lama: «Sé amable siempre que sea posible. Y siempre lo es».

Cultivando estas tres actitudes mentales de la aceptación, la cordialidad y la bondad como parte de tu formación en los sueños lúcidos, las tres se convierten en los pilares que sostienen toda la estructura de la práctica del sueño lúcido, y en refugio frente a los vientos de la superstición dualista que tan a menudo y con tanta fuerza soplan en la mente despierta.

## EL SUEÑO CREATIVO

Otro aspecto de la mente que muchas personas no quieren aceptar como propio es el del genio creativo interior. A través de los sueños lúcidos podemos llegar a conocer a este genio en su propio terreno.

El estado de sueño lúcido es un magnífico lugar para ser creativo, porque nos pone en «contacto directo con las extraordinarias reservas creativas de la mente humana».[2] Pero ¿cómo funciona? Los sueños residen casi exclusivamente en el hemisferio derecho del cerebro, especializado en la creatividad, la imaginación y el pensamiento no lineal. Sostienen los neurólogos que el hemisferio derecho es «por su diseño, espontáneo e imaginativo... [un lugar] en el que las fuerzas artísticas se mueven libremente, sin inhibiciones ni juicios».[3]

Sin embargo, ocurre a menudo que la falta de conciencia en los sueños hace que no percibamos el potencial creativo que nos ofrece la mente soñante. Lo ideal sería que pudiéramos aprovechar de forma inmediata el genio creativo. Pero podemos hacerlo cuando alcanzamos la lucidez, que lleva al sueño el hilo de la percepción del hemisferio cerebral izquierdo, lo cual significa que podemos participar intencionadamente en la creatividad del hemisferio derecho.

Todo esto convierte el estado de sueño lúcido en el lugar perfecto para reflexionar sobre las decisiones importantes de la vida y pedir consejo creativo a la mente inconsciente. Desde el punto de vista del budismo tibetano, cuando nos sumergimos en un sueño lúcido estamos realmente más cerca de nuestra plena naturaleza iluminada que cuando estamos despiertos, por lo que cualquier actividad creativa que emprendamos en estado de lucidez puede darnos una perspectiva de una profundidad que la cavilación en estado de vigilia no puede igualar. En mi primer libro, *Dreams of Awakening*, encontrarás más información sobre cómo aprovechar el potencial iluminado de la mente soñante lúcida.

La mente inconsciente ve mucho más que nosotros y, por ello, dispone de muchos más conocimientos con los que dar solución a nuestros problemas diarios. ¿Qué vía profesional emprender? ¿Cómo puedo ser de utilidad para quienes me rodean? ¿Cómo se sentiría en esta situación ese personaje de mi libro? Son solo algunas de las preguntas creativas que podemos analizar con la infinita originalidad del estado de sueño lúcido.

La doctora Clare Johnson sabe del sueño lúcido creativo más de lo habitual, y su tesis doctoral versaba sobre la relación entre el sueño lúcido y el proceso creativo. Además, utilizaba sus sueños lúcidos para asumir el papel de los personajes de la novela que estaba escribiendo, como una forma de experimentar sus pensamientos y sentimientos.

También le pide a su mente inconsciente que la ayude a repasar la trama de sus libros; incluso utilizó el estado de sueño lúcido para ganar el famoso «Concurso de telepatía del sueño» en el congreso anual de la Asociación Internacional del Estudio de los Sueños. Veamos algunos de sus mejores consejos para la creatividad del sueño:

## Consejos de una profesional: la lucidez creativa, con la doctora Clare Johnson

### Mira la película de tu sueño

En el estado cerebral de pensamiento creativo se reconoce un equilibrio entre lo inconsciente y lo consciente, tanto en estado de vigilia como de sueño. En el sueño lúcido puedes vivir conscientemente la película hipnótica de tu inconsciente, de manera que el simple hecho de mirar «la película de tu sueño» y ver cómo responde a tus pensamientos y emociones es un estimulante recurso artístico. Puedes generar imágenes, tramas y aventuras originales y maravillosas para recuperarlas cuando estés despierto y traducirlas al arte o la literatura.

### Sé un mago de los sueños

Estimular el sueño lúcido puede provocar una reacción creativa específica. Proponte encontrar una caja mágica llena de ideas o «cosas nunca creadas antes», pídele al sueño que te ayude en este trabajo o entra en una galería de arte para ver algún cuadro que te guste y memoriza todos los detalles hasta que despiertes. La expectativa y el propósito son dos poderosas fuerzas del sueño lúcido: si la lucidez es estable y esperas plenamente la inspiración creativa, la conseguirás.

### Sacúdete al crítico que llevas dentro

Es fácil hacerlo en los sueños lúcidos, porque estás en el mundo salvaje y original del inconsciente, donde el yo crítico tiene mucho menos que decir. Así que aprovecha la creatividad natural del sueño lúcido para patinar mejor con tu tabla en una réplica de cuando estás despierto, o practica una nueva forma de arte.

Prueba con el soplado del vidrio, cantar como lo haría un cantante de ópera o bailar con los giros y piruetas del bailarín profesional. ¡No hay límites! El sueño lúcido puede ampliar tu experiencia vital y darte confianza para experimentar nuevas formas de arte cuando estés despierto.

**Conecta con tu Einstein interior**

En el sueño lúcido el pensamiento asociativo y la resolución creativa de problemas pueden alcanzar los niveles más altos. Pregunta directamente al sueño para que te ayude, y es posible que oigas una voz que te dé una respuesta o que se te muestre una escena o una imagen que respondan a tu pregunta. Si no ocurre nada, abre una puerta y confía en encontrar la respuesta detrás de ella. Los soñadores lúcidos reciben ayuda creativa para todo, desde la programación informática y el diseño de videojuegos hasta los problemas de salud y las relaciones personales.

**Practica la versión en estado despierto del sueño lúcido**

Esta es mi técnica de escritura lúcida: cierra los ojos, concéntrate en la respiración y relájate. A continuación piensa en una imagen de sueño lúcido y deja que pase al ojo de tu mente y allí se transforme. Si quieres, puedes guiar esta visualización mental, o simplemente ver qué sucede.

Cuando te sientas preparado, abre un poco los ojos, solo lo suficiente para escribir lo que veas. Escribe todo lo rápido que puedas, sin pensar con actitud crítica. Deja que la escritura vaya por donde quiera.

La escritura lúcida puede desencadenar ideas nuevas, derribar bloques artísticos y resolver pesadillas, y es una manera divertida de explorar la fuerza creativa de los sueños lúcidos.

Las dos novelas de la doctora Clare Johnson, *Breathing in Colour* [Respirando color] y *Dreamrunner* [Mensajero de sueños], están inspiradas en sueños lúcidos. Para más información sobre su trabajo, puedes visitar www.clarejay.com.

**Extraño pero cierto**

Robert Louis Stevenson afrontaba el bloqueo del escritor con un sistema nuevo. Intentaba tener un sueño que contuviera lo fundamental de la historia que quería escribir. En uno de esos casos tuvo un sueño que sería la base de su famosa novela *El doctor Jekyll y míster Hyde*.[4]

## CONFÍA EN EL SUEÑO

El conocimiento iluminado que todos poseemos puede parecer a menudo inaccesible en estado de vigilia; en cambio, a través del sueño lúcido podemos llegar a él con mucha mayor facilidad y, tal vez, acceder incluso a la sabiduría transpersonal colectiva que se oculta en el sueño.

Parece que, en el sueño lúcido, cuando le hacemos una pregunta a alguno de los personajes que en él aparecen, nos dirigimos a algún minúsculo aspecto de nuestra psique que ese personaje representa. Esto quiere decir que la respuesta que recibamos será inherentemente limitada. Pero si le preguntamos al *propio* sueño (lanzando la pregunta al cielo o a cualquier otro espacio del sueño), es posible que la respuesta abarque un aspecto mucho más amplio y de mucha mayor fuerza de nuestra mente soñante.

Te animo a que confíes en la sabiduría de tu inconsciente. No a ciegas, por supuesto –porque tenemos que estar seguros de que no interpretamos de forma excesivamente literal el lenguaje a menudo simbólico del inconsciente– pero aprendiendo a prestar atención a sus consejos, porque un sueño lúcido deja de ser «solo un sueño» y pasa a ser una comunicación con nuestra sabiduría interior.

Así pues, si tienes algún problema o algún patrón mental pernicioso que te bloquee cuando estás despierto, tienes la posibilidad de analizarlo de forma creativa en la seguridad de tu propio sueño. También puedes entrar en estado de sueño lúcido y preguntar algo así: «¿Qué debo hacer con mi trabajo?», como hizo la protagonista del siguiente caso objeto de estudio, con unos resultados que afectaron a toda su vida.

## Estudio de caso: decidir una nueva vía profesional

**Soñadora:** *Nina, Reino Unido*
**Edad:** *29 años*

**Declaración de Nina:** *Estaba realmente bloqueada, sin saber qué rumbo dar a mi profesión. Tenía la sensación de estar estancada en mi trabajo de profesora de baile, un trabajo, sin embargo, que me encantaba, pero pensaba que no me suponía ningún reto a diario. Había tenido unos cuantos sueños lúcidos en los que preguntaba: «¿Qué debo hacer con mi trabajo?». Normalmente no pasaba nada, pero me mantuve firme y la tercera vez que pregunté recibí realmente una respuesta.*

**Su explicación del sueño:** *Soñaba que estaba en mi habitación. Miré por la ventana, vi algo distinto de lo habitual y en ese punto entré en estado de lucidez. Salí volando por la ventana y le pregunté al sueño: «¿Qué debo hacer con mi trabajo?». Luego descendí flotando por el edificio y por otra ventana vi el interior de una habitación. Allí dentro me vi claramente sentada en el suelo, rodeada de libros y leyendo a unos niños. Luego me desperté. Me sentía un poco confusa sobre lo que significaba el sueño, pero decidí que me insinuaba que debía trabajar con niños.*

*Teniendo presente ese sueño, empecé a solicitar diversos trabajos con niños, pero sin resultado alguno. Después, al cabo de unas semanas, vi por casualidad el anuncio de un puesto de maestro en una escuela cercana a mi casa. No era del tipo de niños que había visto en el sueño pero, de todos modos, significaba trabajar con niños, así que presenté la solicitud.*
*La noche antes de la entrevista tuve otro sueño lúcido, y en ese estado le pregunté al sueño: «¿Debo aceptar este trabajo?». De repente, las estrellas del cielo empezaron a desplazarse de modo que formaron claramente la palabra* Sí. *A continuación le pregunté al sueño: «¿Me puedes ayudar a conseguir el empleo, por favor?», y de nuevo las estrellas formaron un* Sí. *Era algo increíble. Y ahí me desperté.*

**La vida a partir del sueño:** *Al día siguiente fui a la entrevista y me dijeron que el puesto que había solicitado ya había sido asignado, pero se acababa de producir una vacante para trabajar con niños. Pedí ese puesto y al final conseguí el empleo. Me encanta mi nuevo trabajo y hoy todo tiene sentido. Me paso el día sentada en el suelo rodeada de libros y leyendo a los niños, exactamente como me había visto hacerlo en el sueño lúcido.*

Cuando leí el correo de Nina en el que me contaba su sueño, se me saltaron las lágrimas. Era un clarísimo ejemplo de cómo el inconsciente a menudo ve mucho más lejos y con mucha mayor claridad que la mente consciente, pero, además, me recordaba un sueño mío en el que también le pregunté al inconsciente qué debía hacer con mi vida. Me dijo que confiara en mí mismo, hiciera un acto de fe y siguiera adelante con mi entusiasmo por los sueños lúcidos. Y eso fue lo que hice. El sueño lúcido puede hacer realmente que tus sueños se hagan realidad.

Ahora que empezamos a ver todo el potencial creativo y transformador de los sueños lúcidos, parece, pues, el momento adecuado para volver al cobertizo de las herramientas a aprender algunas de las técnicas más sólidas para inducirlos: las verificaciones de la realidad, la técnica de lo raro y el método Colombo.

## CAJA DE HERRAMIENTAS 3: OBSERVACIÓN ATENTA

Conseguir la lucidez en los sueños requiere una formación basada principalmente en el reconocimiento: reconocer que lo que pensábamos que era real en realidad era un sueño. Como parte de esta formación en el reconocimiento debemos empezar por *fijarnos atentamente* tanto en el sueño como cuando estamos despiertos.

El apartado siguiente es donde algunos tal vez penséis que me falta algún que otro tornillo. Después de que os lo explique todo con detalle quizás lleguéis a la conclusión de que no son tantos tornillos como pensabais pero, pese a todo, algo hay que no ajusta bien. Pero entonces tenéis un sueño en el que vivís lo que estoy a punto de contaros, y a las cuatro de la madrugada me mandáis un correo que dice: «¡*No* estás loco! Yo también he visto cómo mi mano cambia». Dejad que me explique...

## COTEJAR LA REALIDAD

Una de las formas más habituales de entrar en el sueño lúcido es la simple observación de una señal de sueño y experimentar lucidez. Pero a veces, aunque hayas visto esa señal y estés seguro de que estás soñando, el resto del sueño parece tan real que sencillamente no puedes aceptar que estés soñando. En este punto necesitas algo que se llama verificación de la realidad.

El doctor Stephen LaBerge e investigadores del Instituto de la Lucidez de California han comprobado científicamente que en el estado de sueño prelúcido (el estado anterior inmediato al de lucidez) hay ciertas cosas que la mente humana es prácticamente incapaz de repetir de forma coherente y que, por tanto, se pueden utilizar para confirmar de modo fiable si estamos soñando o no. Las verificaciones de la realidad casi siempre se realizan en el estado de sueño prelúcido, porque si te encuentras en un estado lo bastante consciente para pensar: «Debería verificar la realidad», lo normal es que hayas entrado en un sueño lúcido.

Hay muchas formas distintas de verificar la realidad, pero te voy a enseñar algunas de las que más me gustan:

- Mirar dos veces tu mano extendida de forma rápida sin que la mano cambie en nada.
- Leer dos veces un texto de forma coherente sin que el texto cambie en nada.
- Usar algún dispositivo electrónico o digital sin que cambie ni deje de funcionar bien.

Durante un sueño, el cerebro trabaja a toda marcha para mantener en tiempo real la proyección de nuestro minucioso paisaje onírico y, aunque lo sabe hacer perfectamente, una vez en estado de prelucidez le cuesta copiar los detalles de una imagen compleja (por ejemplo, un texto o una mano extendida) dos veces de forma rápida. Por lo tanto, hará una copia parecida pero imperfecta, y el reconocimiento de esta imperfección es lo que nos despierta la conciencia lúcida.

## Verifica

Analicemos con mayor detenimiento estas tres verificaciones de la realidad.

**Mirar las manos**

Si sospechas que estás soñando pero no estás completamente seguro, mira tu mano extendida *dentro* del sueño, después aparta la vista y rápidamente vuelve a mirarla. Otra posibilidad es que la mires, le des la vuelta, vuelvas a girarla y la mires de nuevo. En ambos casos, el cerebro tendrá dificultades para reproducir una proyección exacta de tu mano, de modo que la segunda vez que la mires puede tener una forma extraña, quizás le falten un dedo o dos o parezca que esté manchada o cambiada.

Cuando en el sueño miras la mano dos veces consecutivas, el cerebro hace todo lo que puede para reproducir exactamente la misma imagen, pero no posee toda la velocidad de procesado necesaria para hacerlo perfectamente. Lo puede hacer de muchas formas, pero el resultado es siempre el mismo: si realmente *esperas* que la mano cambie, la mano *cambiará*.

Reconozco que a veces cuesta imaginar cómo funciona esta verificación de la realidad con la mano, así que te lo voy a explicar un poco más:

- Estás en un sueño, ocurre algo extraño y piensas que quizás estés soñando. Miras la mano, le das la vuelta (esperando que, si estás soñando, cambie) y cuando la giras de nuevo probablemente observarás algún cambio.
- La mente soñadora es muy creativa (he visto cómo mi mano se convertía en un bebé elefante y cómo le crecían tres dedos más) pero no sabe copiar muy bien todos los detalles. Las manos están llenas de detalles, por esto a la mente le es difícil copiarlas.

### Lectura de un texto

En el estado de sueño prelúcido es prácticamente imposible leer dos veces un mismo texto de modo coherente. El equipo de investigación de LaBerge observó que en los sueños lúcidos el texto cambiaba un 75 % cuando lo leía la persona que soñaba, y un 95 % la segunda vez.[5]

Así pues, si estás en un sueño y piensas que tal vez estés soñando, prueba a leer algo. Lo habitual es que el texto sea ininteligible, que vayas de un sitio a otro mientras lees o, en algunos casos, que todo se desvanezca. Son tres señales de que estás soñando.

### Usar dispositivos electrónicos o digitales

Del mismo modo que a la mente le cuesta reproducir un texto, le cuesta interpretar la pantalla del móvil o el ordenador, una pantalla que se emborrona o cambia en el sueño prelúcido cuando la mente soñante intenta proyectarla con precisión.

Sé que parece extraño, pero muchas veces es imposible leer un reloj digital, manejar adecuadamente cualquier tipo de dispositivo digital o electrónico o encender y apagar la luz. La razón es que si en el sueño mueves el interruptor de la luz, le pides a la mente soñante que proyecte una copia exacta del paisaje onírico pero con un juego de luces y sombras completamente distinto, con solo mover el interruptor de la luz. Es algo que a la mente le es casi imposible.

Recuerda: si crees que puedes estar soñando y quieres estar completamente seguro (antes de intentar volar por el cielo), fíjate bien en algo, por ejemplo la mano, dos veces consecutivas, y si cambia puedes estar seguro de que estás soñando.

Las oportunidades de verificar la realidad se acumulan de forma natural en los sueños, pero normalmente solo se activan cuando observas una señal de sueño y necesitas confirmar la realidad en cuestión. Sin embargo, puedes acelerar activamente el proceso con la costumbre de realizar verificaciones de la realidad cuando estés *despierto*. Es la base de la técnica de lo raro, un sistema falsamente sencillo que aplico a la mayoría de mis sueños lúcidos.

## LA TÉCNICA DE LO RARO

- En la vida cotidiana, cuando ocurra algo extraño, o cuando de forma repetida se produzca alguna coincidencia extraña o cualquier tipo de anomalía, pregúntate: «¿Estoy soñando?», y responde con una verificación de la realidad.
- Si verificas la realidad durante el día (siempre que se produzca algo raro), esta nueva costumbre pronto reaparecerá en tus sueños. Pero cuando en el sueño verifiques tu mano, esta cambiará y tú habrás entrado en un estado de lucidez.

- Si te pasas el día apilando cajas, ¿en qué puedes soñar esa noche? En que estás apilando cajas, ¿no? De la misma manera, si te pasas el día preguntándote si estás soñando y a continuación haces una verificación de la realidad, es muy probable que esa noche sueñes que haces lo mismo. Pero cuando lo sueñes, la verificación de la realidad indicará que estás soñando y te llevará a la lucidez.

## Muy bien, de acuerdo. Y luego ¿qué?

Cuando en la vida diaria veas algo extraño o inesperado, para un momento y piensa: «¡Qué raro! ¿Es posible que esté soñando?». Luego haz una verificación de la realidad, y si a la mano no le crece otro dedo ni se transforma en un bebé elefante, puedes estar seguro de que no estás soñando. De este modo afianzas una costumbre que también dará sus frutos cuando sueñes, pero en los sueños la mano *cambiará* y tú *estarás* en un estado de lucidez.

Deja que utilice un ejemplo. Un amigo mío de aspecto un tanto extraño, un monje budista, se encontraba recientemente en una conferencia ecuménica, y un joven soñador lúcido se fijó en él (en sus hábitos *raros*, su *rara* cabeza afeitada y su *rara* calma interior) y a continuación hizo una verificación de la realidad con la técnica de observar la mano, dándole la vuelta y volviendo a girarla, una y otra vez.

Mi amigo el monje, que conoce perfectamente los sueños lúcidos y la técnica de lo raro, pensó: «¡Qué extraño! Acaban de verificar mi realidad», y procedió a hacer su propia verificación para asegurarse de que no estaba soñando. Raro, ¿verdad?

### Extraño pero cierto

Daniel Love, especialista en sueños lúcidos, calcula que «el 11 % de nuestra experiencia mental diaria se emplea en soñar». Y añade: «Exactamente, no es el 11 % de la actividad de sueño, sino el 11 % de toda la experiencia diaria y de todos los días».[6] Esto significa que cada vez que aplicamos la técnica de lo raro tenemos en torno a un 10 % de probabilidades de que realmente estemos soñando.

## FÍJATE BIEN Y VERIFICA LOS HECHOS

Ninguna técnica de verificación de la realidad funciona siempre y en todos los casos, y no todos los sueños están llenos de señales de sueño evidentes. En tal caso, ¿qué puedes hacer si la mano no cambia pero sigues estando seguro de que estás soñando? ¿Cómo puedes ver una señal de sueño si por lo que parece no hay ninguna en el paisaje onírico? Muy sencillo: puedes sacar la libreta, cerrar un ojo y decir: «Y otra cosa...».*

¿Recuerdas al teniente Colombo, de la serie de televisión de los años setenta? Él no disponía de las sofisticadas técnicas forenses actuales, solo de una mente aguda que captaba todos los detalles mientras comprobaba los hechos y observaba atentamente. Esto es exactamente lo que necesitamos si queremos resolver el misterio del sueño lúcido.

## CINCO PASOS PARA SER COMO COLOMBO

El método Colombo se basa fundamentalmente en observar con mucha atención. Esta es la forma de hacerlo:

1. Si piensas que puedes estar soñando, observa tu entorno en busca de pistas y toca todo lo que veas. El estado de sueño parece asombrosamente realista, pero si te fijas con la suficiente atención, podrás ver a menudo incoherencias y darte cuenta de que estás soñando.
2. Sé consciente y pregúntate: «¿Cómo he llegado hasta aquí? ¿Dónde estaba antes? ¿Qué es lo último que recuerdo?».

* El autor hace referencia al gesto característico del teniente Colombo, protagonista de la popular serie televisiva que llevaba su nombre.

3. Para que el método Colombo funcione bien, practícalo también durante el día. A lo largo de la jornada, o quizás durante los diez minutos que decidas, fíjate bien en todo, explora la textura de lo que te rodea y busca pruebas de fenómenos parecidos a los de los sueños.
4. Cuando practiques el método Colombo durante el día, siempre que la investigación te lleve a un nuevo descubrimiento («Esperaba que la corteza de este árbol fuera distinta») y pienses: «¡Qué raro!», haz una verificación de la realidad. De este modo pronto lo harás también en los sueños.

Soñamos como vivimos, por esto el hecho de ser plenamente conscientes en la vida cotidiana hará que los seamos también en los sueños.

## Consejos de un profesional: cómo ser detective de la vida, con Daniel Love

### Permanece lúcido

El principal misterio que intentamos resolver es la pregunta: «¿Estoy soñando?», una aventura activa presente en otras muchas vías de investigación. Si realmente queremos resolver el misterio, debemos procurar permanecer lúcidos en todos los ámbitos de la vida, estemos soñando o despiertos.

**Utiliza tus herramientas**

Como te diría cualquier detective, para desentrañar la verdad de lo que te ocupe tendrás que utilizar determinadas herramientas mentales. Fórmate en las destrezas de la conciencia, el pensamiento crítico, la lógica, la deducción, *mindfulness* y la recopilación de datos, porque todas pasarán a formar parte de tu instrumental de detective. Como ocurre con los músculos, cuanto más ejercites estas destrezas, más fuertes se harán.

**Cuestiónalo todo**

Normalmente es más fácil aceptar las cosas por lo que parecen a primera vista, pero recuerda que este es exactamente el tipo de pensamiento perezoso que conduce a los sueños no lúcidos. De modo que cuestiona lo que se te diga, cuestiona tus propios supuestos, cuestiona los hechos, cuestiónalo todo.

**Acrecienta tu conocimiento**

Adquiere la costumbre de buscar respuestas y ceñirte a los hechos. Enfréntate a la vida como si fuera una clase, llena de cosas que aprender. Disponte siempre a descubrir nuevas formas de pensar y, de vez en cuando, abandonar viejas ideas. De paso, también te convertirás en una persona más interesante.

**Busca pistas**

Como detective de la vida, deberás estar siempre vigilante y sediento de pruebas, porque nunca estarás completamente seguro de adónde vayan a llevarte finalmente estas. Ser consciente de que estás soñando solo es la punta del iceberg y, si quieres, puede ser el inicio de una aventura que te abra la mente a la caleidoscópica maravilla del universo.

Daniel Love es el autor de *Are You Dreaming?* [¿Estás soñando?]. Para más información sobre su obra, puedes visitar www.exploringluciddreams.com.

## LISTA DE COMPROBACIÓN DE CHARLIE ✍

- Saber que estás soñando está muy bien, pero si necesitas otro indicador que te permita saber que *sin duda* estás soñando (antes de que saltes a volar por el acantilado), haz una verificación de la realidad del sueño.
- Haz verificaciones de la realidad también cuando estés despierto (diez minutos al día, o más si puedes) siempre que veas algo extraño o que se parezca a un sueño.
- Haz como Colombo y observa detenidamente la vida. Dispones como mucho de cien años para hacerlo, así que no desperdicies el tiempo viviendo con visión de

túnel. Ensancha tu conciencia y date cuenta de lo fantasiosa que es la «vida real». De esta forma pronto te darás cuenta de lo fantasiosa que es también la vida en tus sueños.

- No olvides llevar el diario de los sueños ni observar las señales de sueño.

Segunda parte

# LA PROFUNDIZACIÓN

*Confía en los sueños, ya que en ellos está oculta*
*la puerta hacia la eternidad.*

**Khalil Gibran**

4

# LOS ARQUETIPOS, LAS PESADILLAS Y LA SOMBRA

Al observar a sus pacientes, el gran psiquiatra suizo Carl Jung se dio cuenta de que, efectivamente, solían soñar sobre su vida diaria, pero el contenido de sus sueños y fantasías no se limitaba a las experiencias de todos los días. Vio que entraban a menudo en el reino del antiguo simbolismo, del que no tenían ningún conocimiento consciente que hubieran adquirido con antelación.

Los sueños y fantasías de sus pacientes muchas veces contenían elementos mitológicos de culturas con las que nunca habían estado en contacto y de épocas anteriores al nacimiento de cualquiera de sus familiares. Esta observación lo llevó a formular su idea de los «arquetipos» y del inconsciente colectivo, dos de sus principales aportaciones a la psicología.

## LOS ARQUETIPOS Y EL INCONSCIENTE COLECTIVO

Jung observó que determinados contenidos de los sueños eran transpersonales, que no procedían de nuestro *inconsciente personal* sino de lo que él llamó el *inconsciente colectivo*: un gigantesco depósito de experiencia humana con elementos e imágenes presentes en todas las culturas de la historia. Se ha definido el inconsciente colectivo como «un desván repleto de volúmenes de preciados recuerdos de la historia de la humanidad»,[1] algo que forma parte de todos nosotros.

A estos elementos procedentes de reinos inmemoriales del inconsciente colectivo Jung los llamó «arquetipos»: representaciones simbólicas de aspectos universales de la mente inconsciente. Son «los componentes del contenido del inconsciente colectivo y producen un profundo efecto en la persona», porque son una forma de comunicación entre el inconsciente y la mente consciente.[2]

Teóricamente, hay un número infinito de arquetipos, pero algunos se manifiestan en los sueños con tanta frecuencia que se han convertido en los pilares de la psicología junguiana. Cada arquetipo «es más un tema que algo específicamente determinado»,[3] pero hay ciertos temas que al parecer están en todas las mentes de todas las partes del mundo.

Algunos de los arquetipos más habituales son los del sabio (que representa la orientación, el conocimiento y la sabiduría), la madre (la crianza, el consuelo, lo femenino), el Yo o yo superior* (la unidad interior) y la sombra (el contenido psicológico inaceptable).[4] Jung pensaba que los arquetipos «trascienden de la psicología personal de quien sueña»[5] y denotan algo mucho mayor y más universal. Sostenía que «siempre que un fenómeno demuestra ser característico de todas las comunidades humanas, es la manifestación de un arquetipo del inconsciente colectivo».[6]

**Extraño pero cierto**

Carl Jung no solo cambió el mundo de la psicología, sino que influyó de manera extraordinaria en el lenguaje, circunstancia que muchas veces pasa desapercibida. Términos de uso común como *introvertido* y *extrovertido* o *complejo* y *arquetipo* son palabras y conceptos que inventó o popularizó el propio Jung. Incluso puso nombre a los momentos en los que nuestro entorno exterior refleja el proceso psicológico hasta el punto de que se traduce en una coincidencia significativa: lo que él llamó «sincronicidad».

---

* Jung no empleaba la expresión *yo superior* sino una sola Y mayúscula para distinguir entre el yo de uso habitual (que se refiere al ego o la persona) y el concepto de Yo, que trasciende del ego y representa la más elevada plenitud psicológica. Sin embargo, la experiencia me dice que este uso de Jung suele pasar desapercibido, de modo que cuando me refiero al yo con Y mayúscula utilizo la expresión *yo superior*.

## El encuentro con la sombra

Uno de los aspectos exclusivos de los sueños lúcidos es que en ellos podemos conocer realmente a nuestros arquetipos interiores, unos arquetipos que normalmente aparecen personificados, e interactuar con ellos. Esto significa que nos podemos encontrar de forma muy real con estas poderosas representaciones de nuestra psicología, entablar amistad con ellas y adentrarnos en la potente energía que contienen. Es una de las posibilidades más sorprendentes de los sueños lúcidos.

Evidentemente, también podemos conectar con estos arquetipos interiores cuando estamos despiertos (por ejemplo, a través de las visualizaciones, la imaginación activa y la hipnosis) pero por mucho que profundicemos en estas prácticas, raramente habrá una manifestación personificada del arquetipo que tengamos enfrente, dispuesta a conversar. En cambio, en el sueño lúcido la puede haber, porque en estado de lucidez te puedes reunir con el niño que llevas dentro, hablar con tu sabio e incluso encontrarte con la energía de tu yo superior, «el arquetipo de arquetipos».

Jung pensaba que conocer a tu yo superior permite «comunicarte directamente con la sabiduría intemporal y celular que reside en las dimensiones ocultas de la mente»,[7] pero el arquetipo con el que más me gusta trabajar en el estado de sueño lúcido es la sombra.

La sombra es un concepto junguiano utilizado para describir las partes del inconsciente compuestas de todos los aspectos indeseables de la psique que alguna vez hayamos rechazado, reprimido o negado. Es lo que el poeta Robert Bly llamaba «el saco que llevamos a cuestas», y comprende todo aquello de nuestro interior a lo que no queremos enfrentarnos: los traumas, los temores, los tabús, las perversiones y mucho más.

Se ha dicho que la sombra es el único arquetipo que no es innato. Creamos nuestra propia sombra cada vez que reprimimos o negamos alguna de nuestras partes inaceptables. Comenzamos a hacerlo en la infancia, a menudo con la vergüenza de nuestra desnudez cuando nos damos cuenta de que ir desnudo está mal visto. Muchos recibimos el mensaje de que «mostrar el cuerpo es malo», y renegamos de nuestra desnudez y la obligamos a recluirse en la sombría «celda de lo inaceptable» donde pronto la acompañarán otras características desagradables como la ira y la codicia, que, como nos enseñan, los niños «buenos» no deben mostrar.

Donde mejor se revela la sombra es en los sueños y las pesadillas, y una forma de integrar su contenido es abrazando a tu sombra en estado de lucidez, lo que te permitirá asimilar tu «lado oscuro», transmutar su energía y superar tus limitaciones para llegar a un espacio de profundo equilibrio psicológico.

### Extraño pero cierto

Normalmente pensamos en la sombra en términos negativos, pero también tenemos una sombra positiva: rasgos interiores positivos que no queremos reconocer como propios. Por ejemplo, bailar bien y tener mucho carisma pudieron parecernos inaceptables cuando éramos niños, por esto los arrojamos a las sombras. Es posible que de mayores veamos que estas expresiones positivas del contenido de la sombra se revelen cuando empecemos el trabajo psicológico.

Quienes hayáis visto mi conferencia TED* sabréis que me encanta trabajar con la sombra. Es habitual que se la confunda con una especie de diablo o presencia demoníaca que nos aleja de nosotros mismos, nos hiere y nos induce a desperdiciar el valioso proceso de aprendizaje que ofrece aplicando nuestras fuerzas a combatirla. Pero la realidad es que la sombra no es externa ni dañina. Es simplemente nuestro *lado oscuro* –una «reserva de oscuridad humana»– pero un aspecto nuestro que, en palabras de Jung, constituye «la sede de toda creatividad».[8]

* TED es un evento anual en el que algunos de los pensadores y emprendedores más importantes del mundo comparten ideas. TED es el acrónimo de Tecnología, Entretenimiento y Diseño, aunque el evento admite muchas más temáticas, mostrando siempre "ideas que merecen la pena ser difundidas" de cualquier área o disciplina. (Fuente: http://www.tedxmadrid.com)

La sombra forma parte de nosotros, y mientras no aceptemos que su oscuridad no procede de un «demonio» externo sino de un manantial de energía creativa, nunca estaremos plenamente integrados como seres humanos. Como me dijo mi maestro Rob Nairn en cierta ocasión: «La sombra es una magnífica noticia».

El proceso de incorporar aspectos sombríos con el fin de integrarlos y asimilarlos en el yo forma parte de lo que Jung llamaba la «individuación»: el avance hacia la plenitud psicológica. Es uno de los más elevados propósitos del trabajo psicológico, por lo que podemos entender que los sueños lúcidos nos abren un terreno donde conectar con niveles tan profundos de nuestra psique que al despertar por la mañana podemos sentirnos de forma muy distinta a la del día anterior. Con la integración de la sombra transformamos lo que se nos antojaba un demonio en lo que siempre fue: nuestro espíritu divino, lo que los griegos antiguos llamaban nuestro «daimón».

Un amigo psicoterapeuta me escuchó hablar sobre este tema hace poco, y le impresionó este potencial. Me dijo: «Conseguir que un paciente reconozca arquetipos interiores como la sombra o el niño interior puede requerir meses de terapia, y mucho más conocer personificaciones de ellos en un sueño lúcido. Es algo que lo podría cambiar todo».

### ¿Quieres profundizar más?

Para explorar tu sombra personal, dedica un momento a pensar en aquellas partes tuyas que creas inaceptable mostrar a los demás. Tal vez aspectos de tu sexualidad que temes que puedan ser motivo de rechazo. O tu ira, o tus traumas del pasado. O quizás tu magnífica voz, o tu inteligencia innata, que no te atreves a mostrar porque tienes miedo de parecer «demasiado inteligente». Si hay una parte de ti que no quieras aceptar o mostrar a los demás, puedes estar seguro de que es un componente de tu sombra.

Para más información sobre la sombra y cómo trabajar directamente con ella a través de los sueños, consulta *Dreams of Awakening*.

Veamos ahora cómo afrontar este arquetipo particularmente mal entendido. Pero antes debemos conocer su territorio: las pesadillas.

## LAS PESADILLAS LÚCIDAS

¿Has tenido alguna vez una pesadilla en la que pensabas: «¡Quiero despertar!?». Si es así, la pesadilla era un sueño lúcido, porque al querer despertarte indirectamente reconocías que estabas soñando y había un lugar en el que despertarte. Las pesadillas son fantásticas para los sueños lúcidos, y para muchas personas (más de un tercio de las encuestadas) su primera experiencia de sueño lúcido se produjo a través de pesadillas o de sueños angustiosos.

Pero ¿por qué las pesadillas llevan tan a menudo a la lucidez? Imagina que alguien consiguiera viajar a través de las páginas de este libro y saltar a tus rodillas: seguramente te asustarías tanto que abrirías los ojos de par en par, agudizarías la mente y definitivamente estarías más alerta, ¿no? (Espero que a continuación también te mirarías las manos y te preguntarías: «¿Estoy soñando?»).

Los estudios demuestran que la mayor conciencia que el miedo genera es un rasgo evolutivo que nos ayuda a enfrentarnos a cualquier amenaza posible, de manera que cuando en los sueños nos sentimos asustados o en peligro, también la conciencia se agudiza, un estímulo que puede conducir a la plena conciencia de la lucidez.

Para algunas personas, las pesadillas crónicas son una grave dolencia que afecta no solo a la calidad del sueño, sino a la de la propia vida. Lo positivo, sin embargo, es que si vives la pesadilla con plena lucidez, tienes la magnífica oportunidad de resolver los traumas y asimilar la sombra.

He enseñado a soñar lúcidamente a muchas personas que padecían trastorno por estrés postraumático, entre ellas a exsoldados, a víctimas de atentados terroristas y a individuos que en su infancia sufrieron abusos y malos tratos, y he visto personalmente la fuerza que puede tener el sueño lúcido, no solo para curar las pesadillas sino, más importante aún, para abrir a la gente a una nueva perspectiva del sueño y de los sueños en la que vean en sus pesadillas no un ataque del inconsciente, sino una llamada de auxilio.

## Un poco de ciencia

También este tema cuenta con sólidas pruebas científicas. Un estudio llevado a cabo en 1997 con cinco personas que padecían pesadillas crónicas y a las que se enseñó a soñar con lucidez concluía que «en los cinco casos se redujeron las pesadillas recurrentes» y que «los tratamientos basados en la inducción del sueño lúcido pueden tener un valor terapéutico».[9] Un año después, un estudio de seguimiento demostró que «cuatro de los cinco sujetos ya no tenían pesadillas, y la intensidad y frecuencia de las del otro habían disminuido».[10]

Un estudio de 2006 titulado «El sueño lúcido como tratamiento para las pesadillas» concluía que «la formación en el sueño lúcido parece efectiva para reducir la frecuencia de las pesadillas»,[11] y en el encuentro de la Fundación Europea de la Ciencia de 2009 se estableció que el sueño lúcido es un remedio tan eficaz contra las pesadillas que es posible tratarlas

«enseñando a quienes las sufren la práctica del sueño lúcido».[12]
Por último, un estudio neurobiológico realizado en Brasil en 2013 concluía que el sueño lúcido se puede utilizar «como terapia para el trastorno por estrés postraumático».[13]
Lamentablemente, no se han hecho estudios posteriores sobre este posible tratamiento de las pesadillas. Si todos los demás estudios indican que el sueño lúcido puede curar las pesadillas, ¿por qué no lo contempla la medicina tradicional? Tal vez sea porque la formación necesaria para enseñar a tener sueños lúcidos no está al alcance de los actuales profesionales de la medicina, o quizás porque el uso de un método completamente gratuito no interesa a las grandes empresas que se lucran con el tratamiento médico de miles de pacientes que sufren de pesadillas crónicas.

## Estoy lúcido en mi pesadilla. ¿Y ahora qué?

Lo primero que mucha gente hace cuando entra en el estado de lucidez en una pesadilla es intentar despertarse. Parece lógico, pero en realidad se pierde una magnífica oportunidad porque, con ese intento, el trauma mental o la angustia que provocan la pesadilla y el contenido de la sombra siguen sin estar integrados y por ello es muy probable que la pesadilla se repita.

Este es mi consejo: si tienes la suerte de estar plenamente lúcido dentro de una pesadilla, procura *seguir en la pesadilla* tanto como puedas, sin dejar de pensar que todo es una proyección de tu propia mente y que nada de lo que suceda te puede provocar ningún daño. Muchas personas observan que adoptando esta perspectiva pueden realmente provocar un completo cambio de actitud que le dice a la pesadilla: «Te veo, y comprendo que eres una expresión de mi propia mente que solo quiere ser vista».

Lo paradójico es que, mirándola de frente, la pesadilla no se intensifica, sino que se atenúa. Al arrojar luz en la oscuridad y desvelar el origen de una sombra, vemos que esa fuente suele ser mucho menor de lo que la sombra proyecta.

La pesadilla no quiere hacernos daño, sino llamar la atención y mostrarnos aspectos de nuestra mente que hay que curar. En muchos casos, se trata solo de un sueño que grita: «¡Mira, fíjate en esto! ¡Ocúpate de ello! ¡Es necesario que le prestes atención!», y lo irá gritando cada vez más fuerte, y repitiendo, hasta que decidas abordarlo, escucharlo, tomar nota de lo que te muestra y aceptarlo con actitud comprensiva.

Cuando la pesadilla recibe este mensaje de aceptación, normalmente se desvanece de forma espontánea y ya no se repite más. ¿Por qué? Porque, como hemos visto antes, «ver es hacer», de modo que por el simple hecho de ser testigos de la pesadilla, sin enjuiciar nada y sabedores de que es la expresión asimilada de nuestra propia sombra (y no algún demonio exteriorizado), su energía será aceptada e integrada.

Hay otra opción: una vez en estado de lucidez, en lugar de limitarnos a reconocer la pesadilla podemos aceptarla proactivamente. Por ejemplo, si su origen es un hombre con capucha negra que nos persigue, podemos ir hacia él y abrazarlo dentro del sueño, un abrazo que sea la máxima expresión simbólica de la plena aceptación. (Si el origen de la pesadilla es más bien un sentimiento, la aceptación y el abrazo estarán simplemente en aceptarlo).

Y una tercera posibilidad: evocar a propósito aspectos de tu sombra. ¿Cómo? Con un sueño lúcido, no pesadilla, como lugar en el que invocar a tu sombra para contemplarla, hablar con ella y, evidentemente, darle un abrazo.

### Extraño pero cierto

Los antiguos habitantes de Mesopotamia trataban las pesadillas de forma muy sencilla. Le contaban sus sueños aterradores a un puñado de barro que se habían frotado por el cuerpo. Después echaban el barro al agua, donde se disolvía y, con él, desaparecía todo lo que quedaba de la pesadilla.[14]

¿No son un poco peligrosos tantos abrazos? No, de hecho es mucho más peligroso *no* avanzar hacia la aceptación de la sombra, porque al pretender que se desintegre en nuestra negación, fuera de la psique crecerá y cobrará mayor fuerza. Cuanto más tiempo pasa algo en la sombra, más oscuro y denso se hace; en cambio, cuando estamos preparados para iluminar los sitios que nos dan miedo, podemos resolver años de oscuridad en un solo sueño lúcido.

Es algo que la protagonista del siguiente caso descubrió cuando por fin decidió abrazar la fuente de sus pesadillas.

## Estudio de caso: abrazar a la sombra

**Soñadora:** *Kerri, Sudáfrica*
**Edad:** *34 años*

**Declaración de Kerri:** *Estaba jugando a evadirme. Me sentía rígida y estéril. Negaba completamente a la niña tullida necesitada de amor que había en mí, y quería sentirme a salvo. Me ponía en situaciones dolorosas, humillantes y peligrosas para intentar demostrar que era fuerte y no tener que mirar a la niña que llevaba dentro, llorando por mostrarse. Hacía cuanto podía para evitar la verdad sobre mí misma.*

**Su explicación del sueño:** *En el sueño estaba en el salón de casa cuando vi una figura de aspecto horrendo, vestida de negro, trepando hacia la ventana. Intentaba entrar. Comenzó a golpear con fuerza la ventana. Me puse junto a la pared, aterrorizada, y vi cómo entraba el intruso. Vino corriendo hacia mí; pensaba que quería atacarme, hacerme daño y matarme. Era el compendio de los peores temores. El terror de la pesadilla me llevó al estado de lucidez.*

*Una vez en ese estado, me di cuenta de que aquel hombre era un aspecto de mi sombra. Supe que debía ir a abrazarlo. Al tocarlo sentí repulsión y miedo, por su tacto grasiento y desagradable. Era horrible abrazar a alguien así, pero seguí haciéndolo y repitiendo como una plegaria el mantra tibetano de la compasión* Om mani padme hum.

*De repente aquel hombre empezó a encogerse en mis brazos, cada vez más pequeño, hasta que se me escurrió. Cuando por fin reuní el coraje para bajar la vista, vi que se había transformado en un niño, un bebé. Estaba tumbado en posición fetal a mis pies, lloriqueando. De pronto sentí una gran compasión, me incliné hacia aquel pequeño cuerpo y comencé a salmodiarle de nuevo* Om mani padme hum. *El sueño se disipó y sentí en mi interior un fuerte viento que me llenaba de dicha. Me desperté llorando de felicidad.*

**La vida a partir del sueño:** *El sueño me ayudó a comprender que lo que no sé aceptar de mí misma permanece ahí para mudar y crecer hasta que acaba por convertirse en la cosa «exterior» más aterradora y peligrosa, aunque en realidad no fueran más que aspectos míos no resueltos. El monstruo que me atacaba era la niña que llevaba dentro y que nunca pude aceptar. El sueño me demostró que los huérfanos de nuestra conciencia –en mi caso la niña abandonada que nunca se sintió querida– con el tiempo se pueden convertir en poderosos monstruos.*

*Después de aquel sueño me sentía otra persona. Intenté empezar a vivir con más lucidez, en especial en todo lo que me daba miedo y me planteaba un conflicto. Comencé a afrontar los problemas, en lugar de huir de ellos. Decidí salvar todas las distancias que había en mi vida, como había hecho en el sueño. La distancia más importante que salvé fue la que me separaba de mi padre, con quien llevaba varios años sin hablar. Hoy nuestra relación está curada y a veces incluso cantamos juntos* Om mani padme hum.

El sueño de Kerri es un magnífico ejemplo de cómo abrazar a la sombra. Demuestra que nuestros rasgos más terribles no suelen ser más que aspectos no asumidos que gritan para hacerse oír. Una vez que se les presta la atención que necesitan, y que aceptamos su energía, normalmente se nos revelan plenamente, como han estado esperando hacerlo durante tantísimo tiempo.

La integración de la sombra en el sueño lúcido es una práctica psicoespiritual de gran potencial curativo que puedes emplear cuando duermes. Suena demasiado bien para que sea verdad, ¿no? Pero *es verdad* y *es factible*: todos lo podemos lograr si le dedicamos el tiempo necesario para aprenderlo. Así que vamos a seguir aprendiendo con nuestra siguiente caja de herramientas, que contiene algunas de las técnicas que más me gustan.

## CAJA DE HERRAMIENTAS 4: PASO A LA LUCIDEZ

Ya has empezado a fijarte atentamente en tus sueños y (esperemos) a aplicar métodos como las verificaciones de la realidad y la técnica de lo raro, de modo que posiblemente comiences a ver destellos de lucidez en ese espacio antes oscuro de tus sueños. Así que, antes de seguir adelante, vamos a analizar cómo pueden ser estos destellos.

### EL ESPECTRO DE LA LUCIDEZ

El inicio de la lucidez no siempre es un momento de luz clara. En realidad suele ser más el paso a una luz tenue que va aumentando progresivamente e iluminando poco a poco la mente ante la posibilidad de que estemos soñando. Hay todo un espectro de lucidez basado en diferentes grados de conciencia alerta dentro del sueño, desde la sospecha de que podemos estar soñando hasta la certeza absoluta de que todo lo que experimentamos está en la mente.

Yo suelo trabajar con cuatro principales niveles de lucidez, aunque es un sistema de clasificación muy simple al que no es necesario ajustarse de forma estricta. El paso por el espectro de la lucidez tampoco es siempre lineal y, aunque lo habitual sea que el nivel uno lleve al nivel dos, este al tres y este al cuatro, también suele suceder que nos encontremos directamente en los niveles tres o cuatro, debido a un repentino momento de luz clara de la conciencia.

## Los cuatro niveles de lucidez

### Nivel 1: Prelúcido

Es el estado mental en el que empezamos a cuestionar críticamente la realidad del sueño. En el estado de prelucidez surgen sospechas de que podemos estar soñando, normalmente después de haber constatado alguna extraña anomalía en el sueño.

### Nivel 2: Semilúcido

En este nivel experimentamos el mejor momento de conciencia lúcida, para después pasar reiteradamente de la lucidez a la no lucidez y viceversa. Podemos estar lúcidos un momento para después distraernos con el sueño y volver a la no lucidez. También podemos hablar de semilucidez para describir un nivel bajo de conciencia lúcida.

### Nivel 3: Plenamente lúcido

Es el estado de conciencia reflexiva plenamente atenta dentro del sueño, acompañada de la interacción volitiva con el paisaje onírico y sus personajes. Básicamente, esto significa que somos plenamente conscientes de que estamos soñando y podemos empezar a dirigir el sueño a voluntad: podemos decidir volar, reunirnos con nuestra sombra, etc. Muchos creen que es el nivel superior de lucidez, pero aún hay otro.

### Nivel 4: Superlúcido

El término está tomado de los estudiosos del sueño Robert Waggoner y Ed Fellogg, y define el estado en el que tenemos un nivel de conciencia por encima de la plena lucidez, debido a la experiencia de una parcial conciencia no dual.

¿Qué significa esto? La diferencia fundamental entre «plenamente lúcido» y «superlúcido» está en un cambio sutil pero profundo de la percepción. Cuando experimentamos un sueño plenamente lúcido, la mayoría interactuamos con el sueño como si

estuviéramos despiertos, utilizando las puertas para salir de las habitaciones y volando para ir adonde queramos ir.
En cambio, en el estado de superlucidez basamos todas nuestras actuaciones en la convicción de que todo lo que aparece en el sueño es una creación de la mente. Nos damos cuenta de que no necesitamos volar a ninguna parte, sino que podemos llegar al instante adonde queramos y traspasar las paredes con la misma facilidad que las puertas.

Además de estos cuatro niveles, existe otro tipo de sueño:

**El sueño testimonial**
Es un tipo de sueño del espectro de la lucidez pero no encaja bien en ninguno de los niveles que acabamos de ver. Tenemos un sueño testimonial desde una perspectiva discreta e imparcial, plenamente conscientes de que estamos soñando pero sin el deseo de influir en el sueño ni interactuar con él. Al contrario, dejamos que se despliegue solo, a menudo como si estuviéramos viendo una película.

No te preocupes mucho por los diferentes niveles de lucidez. Si incluyo aquí el espectro, es más como una forma de analizar la dinámica y la naturaleza de la lucidez, no para hacer de él la piedra angular de la práctica.

Ahora que sabemos el grado de lucidez que podemos alcanzar, veamos algunos métodos para inducirla.

## LA DECLARACIÓN HIPNAGÓGICA

Ya sabes qué es el estado hipnagógico, por lo que estoy completamente seguro de que comprenderás cómo funciona esta técnica. Cuando pases del estado hipnagógico al sueño, repite mentalmente una declaración positiva de tu intención de alcanzar la lucidez. Como hemos visto, el estado hipnagógico se parece mucho al estado hipnótico, de modo que si en él pedimos o afirmamos algo, es posible que nos demos cuenta de que puede actuar con efectos hipnóticos.

### CINCO PASOS HACIA LA DECLARACIÓN HIPNAGÓGICA

Puedes aplicar esta técnica cuando te quedes dormido por la noche pero, para obtener los mejores resultados, practícala cuando te despiertes después de cinco o seis horas de haberte acostado. En esos momentos el estado hipnagógico te llevará directamente a soñar. Pero siempre que practiques esta técnica, lo importante es que impregnes tu conciencia adormecida de la fuerte determinación de tener un sueño lúcido. Debes actuar así:

1. Dedica un momento a generar la declaración de tu intención de tener un sueño lúcido, por ejemplo: «Reconozco mis sueños con plena lucidez», «La próxima vez que sueñe, sabré que estoy soñando» o cualquier otra frase que creas que traduce tu intención de ser lúcido.
2. Cuando entres en el estado hipnagógico, recita continuamente esta declaración en tu mente.
3. Intenta recitar tu declaración con auténtico sentimiento y entusiasmo. Es fundamental que lo hagas porque sin determinación la técnica sencillamente no va a funcionar.
4. Lo importante no es tanto que repitas la declaración hasta que entres en el sueño (aunque sería fantástico que lo hicieras), sino que impregnes los últimos minutos de conciencia alerta de la firme intención de alcanzar la lucidez.
5. Proponte que tu declaración sea lo último que te pase por la mente antes de quedarte dormido.

## LA INDUCCIÓN MNEMÓNICA DE LOS SUEÑOS LÚCIDOS DE LABERGE

Para mejorar la declaración hipnagógica, consulta la técnica MILD* (siglas inglesas de inducción mnemónica de sueños lúcidos), una de las técnicas de lucidez más conocidas. La formuló Stephen LaBerge, científico estadounidense de principios de los pasados años ochenta pionero de los sueños lúcidos. LaBerge utilizaba esta técnica para tener sueños lúcidos a voluntad, casi todas las noches.

Mnemónico significa «perteneciente a la memoria», por lo que el sueño lúcido de inducción mnemónica es aquel que se basa en el funcionamiento de la memoria. La técnica MILD se asienta en tres principios fundamentales:

- La visualización
- La autosugestión (autohipnosis)
- La memoria prospectiva

La visualización y la autosugestión son la principal fuerza de esta técnica, pero la memoria prospectiva es el punto fundamental. En la vida diaria la usamos continuamente cuando decimos cosas como: «La próxima vez que vea un banco debo recordar que he de sacar dinero», y en realidad es un aspecto muy fiable de la memoria.

* *Mild* en inglés significa 'apacible, dulce'. La palabra sirve como acrónimo para recordar los pasos que conforman la técnica, tal y como se explican más adelante.

Si al quedarnos dormidos activamos la memoria prospectiva –«La próxima vez que sueñe debo recordar que he de reconocer que estoy soñando»–, esa memoria permanecerá neurológicamente activa hasta que, por así decirlo, «veamos el banco» y nos demos cuenta de que estamos soñando.

## LA TÉCNICA MILD

Es una técnica que exige que nos visualicemos en el sueño que acabamos de tener, por lo que el mejor momento para aplicarla es al despertar de un sueño que recordemos claramente. Se puede llevar a cabo de forma natural, quizás al despertarte a primeras horas de la mañana, o intencionadamente, poniendo el despertador para despertarte en alguna fase REM de las últimas horas de tu ciclo del sueño.

**Paso 1: Recordar el sueño**

Al despertar de un período de sueños, hazlo completamente y recuerda el sueño que acabas de tener. Determina sus hechos fundamentales y el escenario. En el paso tres verás cómo debes hacerlo.

**Paso 2: Fijar el objetivo**

Ahora prepárate para dormir de nuevo. Cuando empieces a quedarte dormido y entres en el estado hipnagógico, repite mentalmente una y otra vez, con determinación y entusiasmo: «La próxima vez que sueñe, me acordaré de que debo reconocer que estoy soñando». Concéntrate en esta orden y si percibes que la mente empieza a divagar, o si te das cuenta de que ya ha estado divagando, vuelve a recitar lo anterior.

**Paso 3: Visualizar la lucidez**

Una vez generada y estabilizada la firme decisión de *acordarte de reconocer que estás soñando*, el siguiente paso es visualizarte de nuevo en el sueño que antes recordaste. Esfuérzate de verdad para revivirlo con el máximo detalle que puedas, contemplándote en él y viviéndolo con los cinco sentidos mientras te quedas dormido.

Pero esta vez imagina que reconoces que estás soñando y alcanzas la lucidez. ¿Cómo? Imagina que ves una señal de sueño o que haces una verificación de la realidad, y a continuación te das cuenta: «¡Ajá! ¡Estoy soñando!».

Después imagina que representas lo que te gustaría hacer cuando estés inmerso en un sueño lúcido.

**Paso 4: Dormirte o repetirlo**

Finalmente te puedes dormir o repetir los pasos dos y tres hasta estar seguro de que has aplicado bien la técnica, y en este punto puedes dejarla y dormirte.

Para recordar el orden que debes seguir al aplicar la técnica MILD, te puede servir el propio acrónimo:

**M:** **M**emoriza el sueño que acabas de tener
**I:** **I**ntención (fija la intención en el objetivo)
**L:** **L**ucidez (visualiza la lucidez)
**D:** **D**uérmete (o repite)

Para una explicación exhaustiva de esta técnica, puedes consultar *Exploración de los sueños lúcidos*, del doctor Stephen LaBerge.

**Extraño pero cierto**

Parece que la técnica MILD y otros sistemas occidentales para inducir el sueño lúcido no fueron inventados en el siglo XX, sino en el Tíbet medieval. En un texto sobre yoga del sueño escrito en el siglo XVI por un lama tibetano llamado Lochen Dharma Shri, se puede encontrar una técnica casi idéntica.[15]

## LA TÉCNICA DE DESPERTAR Y VOLVER A LA CAMA

Esta técnica puede aumentar las probabilidades de tener un sueño lúcido en nada menos que un 2.000 %,[16] y más de dos tercios de los participantes en un estudio registraron sueños lúcidos al aplicarla.[17] ¿Cómo funciona? Es muy sencillo. Despiértate al menos dos horas antes de lo habitual, sigue despierto aproximadamente una hora y luego vuelve a dormir una hora o dos más.

### CINCO PASOS PARA DESPERTAR Y VOLVER A LA CAMA

1. Pon el despertador al menos dos horas antes de la que suelas despertarte.
2. Cuando suene el despertador, despierta y sal de la cama.
3. Permanece despierto aproximadamente una hora, haciendo algo que te ayude en tu propósito de tener un sueño lúcido. Lo ideal es meditar o leer sobre los sueños lúcidos, pero he observado que cualquier actividad hecha con plena conciencia sirve.
4. Tal vez te convenga estar despierto pero no tenso, así que no te estimules en exceso; de lo contrario, el siguiente paso te podría resultar un tanto difícil. Procura no alejarte mucho del sueño.
5. Al cabo de una hora, pon de nuevo el despertador para que suene dentro de una o dos horas, vuelve a la cama y ponte a dormir de nuevo con la firme intención de alcanzar la lucidez. Si quieres, también puedes recitar una declaración de lucidez.

### ¿Cómo funciona la técnica de despertar y volver a la cama?

Como hemos visto, en las dos últimas horas del ciclo del sueño es cuando más soñamos, de modo que si nos privamos de dormir en este período, cuando volvamos a dormir entraremos suave y profundamente en los sueños vívidos. La fase del sueño en la que soñamos es el terreno de juego de la lucidez, por lo que podemos apreciar todo el valor de esta técnica.

Despertarte un par de horas antes de lo habitual, permanecer despierto una hora y volver a dormirte con la firme intención de alcanzar la lucidez: es todo lo que tienes que hacer.

Una vez entendida la técnica, veamos algunos consejos más generales para alcanzar la lucidez de Luigi Sciambarella, representante de la sección inglesa del Instituto Monroe.

## Consejos de un profesional: alcanzar la lucidez, con Luigi Sciambarella

### Procura estar descansado y físicamente relajado

Si estás privado de sueño, lo primero en que se centrarán tu cerebro y el resto de tu cuerpo es en saldar esta deuda. Te quedarás dormido demasiado pronto, no controlarás la conciencia y no es probable que recuerdes muchos sueños. Lo ideal es que duermas al menos siete horas y media todas las noches. Un buen sistema es acostarse un poco antes de lo habitual y así disponer de tiempo para fijar la intención de tener un sueño lúcido.

**Recuerda mejor lo que sueñes**

Los sueños lúcidos son experiencias extraordinarias y a menudo trascendentales, pero si no te esfuerzas conscientemente en recordar su contenido, es posible que olvides partes importantes de la experiencia. Puedes empezar por llevar un diario de los sueños, tenerlo siempre en la mesita de noche y proponerte escribir lo que hayas soñado cuando te despiertes por la mañana.

**Sé más consciente y previsor durante el día**

Los ejercicios de meditación, como la conciencia de la respiración, te pueden ayudar a ser consciente durante el día. Esta conciencia empezará a trasladarse a los sueños. Para soñar con lucidez, es muy importante desarrollar la memoria prospectiva, por lo que conviene que la ejercites durante el día.

**Fija un firme propósito**

La apatía es el mayor enemigo del sueño lúcido; por esto es importante que controles tus niveles de motivación. Piensa en por qué quieres tener un sueño lúcido y en qué vas a conseguir en tu próxima exploración. Cuanto más pienses en tener un sueño lúcido, más probable es que se produzca, así que a lo largo del día dedica tiempo a leer y reflexionar sobre los beneficios que puede proporcionarte.

**¡Diviértete!**
Este es tu terreno de juego: un suelo fértil donde puedes cultivar nuevos patrones y arrancar los que ya no te sirvan. Es más productivo abordar la tarea de la autoexploración con actitud abierta y desenfadada. El esfuerzo demasiado intenso suele ser contraproducente, y ser excesivamente crítico contigo mismo por los intentos fallidos puede derivar rápidamente en ira, frustración y apatía. Acuérdate, pues, de mantener siempre el sentido del humor.

Para más información sobre el sueño lúcido de Luigi y los cursos de exploración extracorpórea, puedes visitar www.monroeinstituteuk.org.

## LISTA DE COMPROBACIÓN DE CHARLIE

- Descubre el espectro de la lucidez a través de la experiencia. Analiza intencionadamente los estados prelúcido, semilúcido, plenamente lúcido, superlúcido y testimonial.

- Programa una vez a la semana una mañana para practicar la técnica de despertar y volver a la cama, quizás el fin de semana o cuando no tengas que ir a trabajar al día siguiente.
- Intenta escribir tus declaraciones hipnagógicas y experimentar con lo que mejor te funcione. Esta es una de las que más me gustan: «Me encanta el sueño lúcido. Soñar con lucidez es muy divertido». Refleja tanta seguridad y, a la vez, es tan divertida que hasta el inconsciente más endurecido se dará cuenta.
- Antes de acostarte decide la técnica que vayas a emplear; no lo hagas cuando estés a punto de dormirte. Tal vez te convenga dedicar unas noches a conocer la técnica MILD y después programar una sesión de despertar y volver a la cama el fin de semana.
- No te olvides de verificar la realidad y de la actitud Colombo durante el día, ni de practicar estas nuevas técnicas por la noche.

# 5

# LOS SUEÑOS LÚCIDOS EN EL MUNDO: LOS ANTIGUOS GRIEGOS, LOS BICHOS RAROS Y EL COLÓN DE HULL

Veamos ahora algunas de las diferentes tradiciones de los sueños lúcidos del mundo, históricas y actuales, unas tradiciones que nos llevan de la experiencia semimística al hecho demostrado científicamente. El mundo es muy grande y este libro, muy pequeño, por lo que no pretendo hacer un estudio cronológico de todas esas tradiciones, pero intentaré explicarte algunas de las más importantes, empezando por las occidentales.

## LOS ANTIGUOS GRIEGOS

Los primeros que se dedicaron de forma sustancial al trabajo con los sueños en Europa fueron los antiguos griegos, circunstancia que no puede extrañarnos. Son bien conocidas las palabras de Aristóteles en el apartado dedicado a los sueños de su *Parva naturalia*: «Cuando dormimos, hay algo en la conciencia que nos dice que lo que se nos muestra solo es un sueño».[1]

Los antiguos griegos tenían incluso templos específicos donde pasaban la noche dedicados a inducir el sueño con determinadas técnicas, esperando algún sueño sanador. En el siglo I a. de C., en Grecia había al menos trescientos cincuenta templos dedicados a la sanación, la mayoría de ellos con una zona específica para el trabajo con el sueño sanador.[2]

Los soñadores dormían sobre losas de piedra mientras los incensarios esparcían el humo probablemente de hierbas psicoactivas para facilitar el sueño. Gracias a los numerosos testimonios positivos escritos en las paredes de los templos,[3] se puede deducir que las técnicas para trabajar con el sueño que allí se empleaban eran sumamente eficaces.

Cuando los romanos llegaron a Gran Bretaña en el año 45 d. de C., llevaban consigo muchas de las tradiciones que habían asimilado de los griegos. En lo que hoy es Gloucestershire, en el sureste de Inglaterra, se construyó un templo dedicado a los sueños, cuyas ruinas aún se pueden ver hoy y han sido exhaustivamente estudiadas por los investigadores británicos del sueño Paul y Charla Deveraux, que organizan visitas guiadas a esas ruinas.

**Extraño pero cierto**

Uno de los aspectos más extraños de los templos griegos del sueño eran las serpientes no venenosas que lamían los párpados de quienes deseaban un sueño sanador. En Gran Bretaña, los sacerdotes de los templos del sueño tuvieron que adaptarse a las condiciones locales, y, en lugar de serpientes, utilizaban perros con el mismo fin.[4]

## LOS PRIMEROS CRISTIANOS Y LOS DE LA EDAD MEDIA

Los primeros cristianos aceptaban de buen grado el trabajo con los sueños (al fin y al cabo, el anuncio del nacimiento de Jesús se produjo en gran medida a través de sueños). Entre aquellos cristianos, los agnósticos empleaban incluso la imagen del sueño lúcido como una de las representaciones fundamentales de la unión con Dios, y en el siglo V los obispos griegos decían que al dormir «el alma es llevada a una región superior donde puede entrar en contacto con lo verdadero».[5] Pero a partir de ese siglo, las cosas se les fueron poniendo muy difíciles a los soñadores cristianos.

Uno de los más ardorosos de aquellos últimos entusiastas fue san Jerónimo, un sacerdote latino cristiano que tuvo un sueño de consecuencias trascendentales. En aquel sueño recibió el mensaje de que dejara de estudiar los textos paganos que tanto le fascinaban. Muchos de aquellos textos trataban del trabajo con los sueños, y él interpretó que se le urgía a que abandonara totalmente ese trabajo.

San Jerónimo fue también uno de los primeros traductores de la Biblia al latín. En su traducción del siglo v se reflejan sus prejuicios contra el trabajo con los sueños, de modo que tradujo intencionadamente mal muchos pasajes en los que se habla de la brujería y se alude también a los sueños. De repente, la Biblia estaba repleta de pasajes en los que se afirmaba que trabajar con los sueños era algo malo,[6] y con ello la historia del sueño en la cultura cristiana cambió para siempre.

Más tarde, en el siglo XIII, el influyente filósofo cristiano Tomás de Aquino, señaló que «algunos sueños proceden de los demonios»,[7] y en el XVI los sacerdotes jesuitas aseguraban incluso que «el demonio casi siempre interviene en los sueños».[8] Por estas opiniones y por las de muchos otros influyentes cristianos, al final de la Edad Media en el cristianismo se perdió para siempre el trabajo con los sueños. Hoy, sin embargo, se está recuperando, con miles de cristianos de todo el mundo que utilizan los sueños lúcidos para intensificar su relación con Dios. Que así sea.

## LOS SIGLOS XIX Y XX

En las tradiciones que hemos visto hasta ahora se trabajaba con los sueños, pero no específicamente con los sueños *lúcidos*. La idea de sueño lúcido no se divulga de forma importante en la conciencia occidental pública hasta los siglos XIX y XX.

Fue un francés, el marqués D'Hervey de Saint Denys, quien, con la publicación de su obra *Los sueños y la manera de dirigirlos* en 1867, se ocupó del tema de los sueños lúcidos en un libro a disposición del público. En los diferentes capítulos del libro se hablaba del recuerdo de los sueños, la conciencia de estar soñando, el despertar a voluntad y la interacción consciente con el relato del sueño: una guía bastante completa de los sueños lúcidos aún hoy relevante. El registro de sueños del marqués abarcaba casi dos mil noches de práctica, y fue un estudio exhaustivo de las posibilidades de la lucidez.

Más tarde, a principios del siglo XX, el psiquiatra holandés Frederik Willems van Eden popularizó la expresión *sueño lúcido*, debido en parte a su exposición ante la Sociedad para la Investigación Psíquica, en la que informó de trescientos cincuenta y dos «sueños lúcidos» documentados. Hasta ese momento, se empleaban otras expresiones, como *medio sueño* o *sueño guiado*, para describir el fenómeno de la conciencia alerta mientras se sueña, un fenómeno que la ciencia no verificó hasta mediados de los años setenta.

## Freud y Jung

En 1900 se publicó el influyente libro de Sigmund Freud *La interpretación de los sueños*. En él únicamente había unas pocas referencias a los sueños lúcidos (que solo aparecieron en ediciones posteriores), pero el libro imprimió de forma indeleble, en la comunidad científica y en el público en general, la importancia del trabajo con los sueños. Abría la posibilidad de que los sueños fueran beneficiosos y de que comprenderlos y ser consciente de ellos fuera algo recomendable.

El interés de Freud por el fenómeno de los sueños lúcidos era tal que, según se dice, intentó hacerse con el libro del marqués D'Hervey de Saint Denys *Los sueños y la manera de dirigirlos*, pero no lo consiguió.[9] Imaginemos qué diferente habría sido el devenir de los sueños lúcidos si Freud hubiese conseguido ese libro y, tal vez, hubiese él mismo aprendido a soñar con lucidez. Gran parte de la obra freudiana se basa en la experiencia personal, por lo que cabe deducir que, si hubiera practicado el sueño lúcido, el público en general habría tenido conciencia del fenómeno más de sesenta años antes, y quizás se habría sentido impulsado a practicarlo.

Después llegó Carl Jung, en su día alumno de Freud y de cuya obra hablé en el capítulo cuatro. Jung pensaba que Freud solo había arañado la superficie del mundo de los sueños. Llegó a la conclusión de que el simbolismo sexual de los sueños –en el que tanto insistía Freud– muchas veces ocultaba significados y funciones psíquicas no sexuales y espirituales más profundos. Como veíamos antes, Jung introdujo las ideas de arquetipo e inconsciente colectivo, que sentarían las bases de todo un movimiento de trabajo onírico transpersonal donde el sueño lúcido encontraría su lugar.

A lo largo de todo el siglo XIX, una creciente ola de curiosidad, alimentada por el interés occidental por los sueños, el orientalismo y el pensamiento esotérico, se tradujo en la publicación de diversos estudios y exposiciones personales sobre sueños lúcidos, obra de escritores ocultistas y esotéricos. Muchas de esas publicaciones se recuperan y publican de nuevo en la actualidad, y te animo a que, si puedes, las consultes.

## LOS CIENTÍFICOS PIONEROS

El primer avance científico importante en el estudio de los sueños se produjo en 1924, con el invento de un casco que registraba la actividad eléctrica del cerebro humano a través de unos electrodos colocados en contacto con el cuero cabelludo del sujeto. El aparato registraba la actividad de las ondas cerebrales, un registro que pasó a llamarse electroencefalograma, o EEG. Estos EEG del cerebro mientras la persona duerme fueron la base de todos los estudios posteriores sobre el sueño, y la prueba definitiva de que los sueños lúcidos no eran ficción, sino una realidad científica.

Más adelante, en 1953, justo cuando se desveló la estructura del ADN, se desvelaba también la estructura del sueño y de los sueños, cuando un estudiante de grado de la Universidad de Chicago llamado Eugene Aserinsky descubrió y verificó la existencia del sueño REM.

En los dos años anteriores, Aserinsky había tenido problemas económicos que repercutieron en su vida personal y académica. La mayor parte de la comunidad científica miraba con indiferencia la ciencia del sueño, por lo que no pudo conseguir financiación para sus estudios. Sin dinero, aquel indomable fanático del sueño encontró y arregló una máquina de EEG abandonada y comenzó a realizar estudios con su hijo de ocho años[10] (el único voluntario que pudo encontrar que aceptara golosinas en pago por sus servicios).

El pequeño Armand Aserinsky estaba conectado a la máquina EEG y se quedó dormido, mientras su padre observaba la actividad de su cerebro desde una habitación contigua. En los aproximadamente primeros setenta minutos el cerebro de Armand no hizo gran cosa, pero enseguida empezó a mostrar una actividad parecida a la del cerebro despierto. En ese estado de actividad cerebral, los ojos del pequeño comenzaron a moverse detrás de los párpados, un fenómeno que pronto se conocería como movimiento rápido de los ojos. Aserinsky acababa de descubrir la fase REM del sueño.

El sueño REM es la fase del sueño en que el cerebro se ocupa activamente de generar los sueños, mientras el cuerpo se queda en estado de parálisis muscular. Durante el sueño REM el resto del cuerpo se desconecta y el cerebro se conecta, y el principio fundamental es la correlación directa de esa fase con la experiencia de soñar.

El descubrimiento del sueño REM fue trascendental para el análisis y la validación científicos de los sueños porque establecía la primera relación comprobada entre las mediciones objetivas de las actividades neurológica y óptica y lo que la persona que experimentaba el sueño decía. Al final, se demostró que los sueños se podían medir objetivamente, y se podían describir también de forma objetiva, unos criterios que, unos veinte años después, se aplicarían al trabajo de demostrar los sueños lúcidos.

¿Qué sucedió con Eugene Aserinsky? Extrañamente, en lugar de seguir por el camino que con tanto ardor había trazado, decidió abandonar la Universidad de Chicago para estudiar los efectos de las corrientes eléctricas en el salmón.[11] Raro, ¿verdad? (Espero que hagas una buena verificación).

Pocos años después, en 1959, se iniciaron los primeros estudios científicos sobre los sueños lúcidos. Un informe favorable de los años cuarenta del psiquiatra estadounidense Nathan Rapport impulsó a investigadores de la Universidad Goethe, en Alemania, a realizar un estudio en el que enseñaban a los participantes a soñar lúcidamente y después los observaban mientras soñaban y alcanzaban la lucidez.[12]

La clase dirigente científica ignoró en gran medida aquel estudio y, hasta mediados de la década de los setenta, los sueños lúcidos siguieron siendo objeto de burla para la mayoría de los científicos. Pensaban que era «una imposibilidad paradójica» cuya validez no certificaba ningún dato creíble. Sin embargo, a partir de la publicación en 1968 del libro *Lucid Dreams*, de Celia Green (uno de los primeros estudios académicos sobre el tema), y después, en 1974, del popular *Creative Dreaming*, de Patricia Garfield, empezaron a sentarse las bases de aquel día especial de 1975 en que ocurrió algo increíble: se verificaron científicamente los sueños lúcidos.

## EL COLÓN DE LA UNIVERSIDAD DE HULL

En algunos círculos científicos existe la idea casi religiosa de que mientras la ciencia no *demuestre* que algo existe, sencillamente ese algo *no* existe. Cabe presumir que es la misma actitud que algunas personas mostraron antes de que Colón les « descubriera» América e hiciera que de repente «existiera» un continente de rica y secular historia.

Lo mismo ocurre con los sueños lúcidos. Miles de años de experiencia documentada, y toda una escuela de budismo tibetano dedicada a su estudio, fueron rechazados como «no existentes» hasta que la ciencia pudo demostrar los sueños lúcidos en sus propios términos. Muchos lo habían intentado hasta mediados de los años setenta, pero nadie había logrado convencer a la clase dirigente científica de que el estado consciente dentro del sueño era algo real. Así fue hasta que un psicólogo de la Universidad de Hull, del Reino Unido, se propuso demostrar empíricamente algo de cuya verdad ya estaba convencido.

Aquel hombre era el doctor Keith Hearne. Hace poco me reuní con él en el Museo de la Ciencia de Londres para ver los registros originales de su polígrafo y escuchar de primera mano su explicación de lo que realmente ocurrió aquella mañana lluviosa de primavera de 1975 en la que demostró lo imposible.

Empecé por pedirle que me explicara cómo dispuso exactamente el experimento, durante el cual tenía que enviar de algún modo una señal del estado de sueño lúcido al laboratorio del sueño mientras el sujeto (un hombre llamado Alan Worsley) seguía dormido y conectado a todo el equipo de monitorización.

–Pues, verás –empezó–, había probado con pequeños interruptores en el dedo meñique del sujeto, y con todo tipo de objetos que pudiéramos utilizar para comunicar su conciencia desde el interior de su sueño, pero nada funcionaba bien. Y luego pensé: «¡Ajá! Es el sueño del movimiento rápido de los ojos; los ojos no están inhibidos por el mecanismo paralizador que afecta al resto del cuerpo, así que quizás el sujeto se pueda comunicar conmigo a través de los ojos». Le dije a

Worsley: «Cuando tengas un sueño lúcido, para comunicarte conmigo en el laboratorio mueve los ojos de izquierda a derecha de forma consecutiva».

–¿Una especie de código Morse? –le pregunté.

–Sí, si así quieres llamarlo –replicó Hearne.

–¿Y cuándo recibiste las primeras señales? –pregunté.

–Casi ni me di cuenta –me respondió–. La semana anterior había conectado a Worsley toda la noche, y cada vez que entraba en el sueño REM me sentaba, casi sin pestañear, observando el polígrafo y mirando la información que iba saliendo de la máquina. Pasó toda la noche sin tener sueño alguno, así que a las ocho de la mañana apagué todo el equipo y empecé a recogerlo todo. Luego, al cabo de unos cinco minutos, oí que me llamaba. «Acabo de tener un sueño lúcido, ¿lo captaste?», me dijo. ¡No! ¡Me lo había perdido por cinco minutos! Pero afortunadamente repetimos la prueba a la semana siguiente.

–¿Así que a la semana siguiente hiciste el mismo experimento?

–Sí, y entonces fue cuando ocurrió todo. Pasaban unos minutos de las ocho de la mañana y Worsley estaba en una fase REM cuando de repente aparecieron las señales de los ojos acordadas, unos patrones de movimiento distintos de los registros del movimiento ocular, mientras seguía profundamente dormido.

–Así que el tipo estaba completamente dormido, inconsciente del mundo exterior, y de repente se hizo consciente en el interior de su sueño con discernimiento suficiente para pensar: «Vale, mejor será que mueva los ojos como hemos acordado, para comunicarme con Keith en el laboratorio».

–Sí, pero de hecho le fastidiaba un poco tener que hacer aquellos movimientos porque le interesaba más disfrutar de su sueño lúcido. Creo que yo era mucho más consciente que él de que estábamos haciendo historia.

–¿Qué sentiste la primera vez que viste aquellas señales de los ojos? –le pregunté.

En este punto, a Hearne se le iluminaron los ojos:

–¡Fue fantástico! Me sentía abrumado. Era como recibir señales de otro mundo. Ocurrió el 12 de abril de 1975, y fue el 12 de abril de 1961 cuando la NASA recibió los primeros mensajes de un hombre desde el espacio. Me sentía como aquellos tipos de la NASA, con la salvedad de que yo recibía los primeros mensajes desde el espacio *interior*.

Durante unos segundos, la emoción de Hearne se convirtió en nostalgia. Luego dijo:

–Pero ¿has visto esas escenas de los centros de control de la NASA donde todos chocan las manos y se felicitan mutuamente? Yo no tenía a nadie con quien hacerlo. Acababa de demostrar científicamente la existencia de los sueños lúcidos y no tenía a nadie con quien celebrarlo...

–Vamos, choca esos cinco... –dije–. Con cuarenta años de retraso, pero... –Y así, extrañamente, lo celebramos.

–Esto era lo que necesitaba hace cuarenta años, Charlie –dijo Hearne–. Gracias. Mira, ver todos estos registros del polígrafo me pone sentimental, aún hoy. Recordar que lo conseguimos, que lo demostramos, que demostramos la paradoja... –Y señaló los papeles originales del polígrafo guardados en una caja de plástico que había a su espalda–. Y gracias por chocar esos cinco, Charlie, me alegro de que lo hayas hecho. Cuéntalo también en tu libro, si quieres.

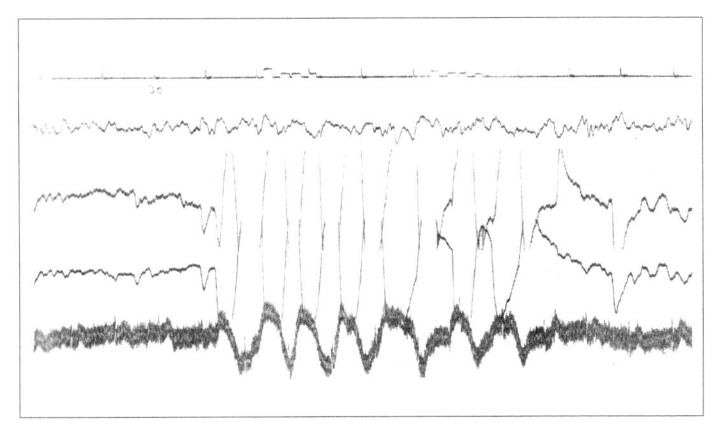

**Primer registro de las señales oculares de una persona en estado de sueño lúcido:** Las dos bandas centrales muestran los registros del movimiento de los ojos izquierdo y derecho. Se ve claramente la precisión de las señales de movimiento del ojo en comparación con las ondas agitadas y cortas del movimiento rápido de los ojos que las preceden y siguen.

–Ya tenías los resultados. ¿Qué pasó después? –le pregunté.

–Sabía que había descubierto algo tan grande que escribí a todos los principales laboratorios del sueño del mundo, entre ellos, los de Chicago y Stanford, y luego, después de exponer mis descubrimientos en una conferencia en la Universidad de Hull, me mudé a Liverpool a continuar mis estudios.

–Próximos al cuarenta aniversario de tu descubrimiento, ¿cuáles crees que han sido las aportaciones más importantes que los sueños lúcidos le han hecho al mundo? –quise saber.

–En primer lugar, es una nueva forma de recreación, y no cuesta nada –contestó–. Muestra a las personas nuevas formas de explorar la realidad y les da libertad. Mira, siempre me han dado pena los condenados a cadena perpetua. La idea de encerrar a alguien para toda la vida me aterroriza. Creo que el sueño lúcido puede ayudar a estas personas a sentirse libres, y quizás también a asimilar todo aquello que lamentan de su pasado.

Mientras salíamos del Museo de la Ciencia, esquivando a la multitud de niños que se apiñaban en los pasillos, me volví para mirar al doctor Hearne y me di cuenta de que tal vez también él lamentaba algo de su pasado. La historia de su descubrimiento no es tan simple. En todas las grandes historias suele haber otra versión.

Para más información sobre el trabajo del doctor Keith Hearne, puedes visitar www.keithhearne.com.

## La otra versión

Aproximadamente al mismo tiempo que Hearne realizaba su trascendental comprobación científica de los sueños lúcidos en el Reino Unido, un joven científico estadounidense llamado Stephen LaBerge empezaba a preparar su doctorado en Psicofisiología en California. LaBerge trabajaba en la Universidad de Stanford, y se propuso demostrar la existencia de los sueños lúcidos por la que él creía que era la primera vez en la historia.

Hearne presentó un artículo en una conferencia sobre las ciencias conductuales en 1977, y un año después publicó su tesis doctoral, pero «la clase dirigente científica se resistía a aceptar sus resultados».[13] La consecuencia fue que sus descubrimientos nunca se difundieron ampliamente, no fueron revisados por iguales ni cruzaron el Atlántico, así que cuando LaBerge obtuvo por fin resultados parecidos utilizando métodos similares, pensó que había abierto un nuevo camino.

Hoy son muchos los que piensan que el hecho de que LaBerge conociera o no los resultados de Hearne fue irrelevante, porque LaBerge fue quien se convirtió en el inventor de las técnicas, escribió diversos libros sobre el tema y divulgó los sueños lúcidos por todo el mundo. Además, fue el primero que demostró empíricamente la posibilidad de ser autoconsciente en el estado de sueño REM,[13] mientras que Hearne solo demostró que es posible señalar la conciencia desde el estado de sueño.

Así pues, aunque debamos reconocer todo el mérito del trascendental estudio de Hearne, sin el trabajo incansable de LaBerge durante los últimos treinta años, en los ámbitos tanto público como científico, los sueños lúcidos aún podrían parecer demasiado bonitos para ser verdad. En mi opinión, Hearne y LaBerge son, ambos, unas personas brillantes que siguieron los pasos de quienes los precedieron en el mismo empeño, y uno y otro vislumbraron por igual el reino de posibilidad que durante tanto tiempo pasó desapercibido.

# 6

# LOS SUEÑOS LÚCIDOS EN EL MUNDO: SANGOMAS, CHAMANES Y LAMAS LÚCIDOS

Una vez visto Occidente, echemos un vistazo a algunas de las ricas prácticas de sueño lúcido de otras partes del mundo.

## SOÑAR EN EL TECHO DEL MUNDO

Al final de mis años de adolescencia, me convertí formalmente en budista al ser acogido por un lama tibetano llamado Akong Rinpoche.* En los retiros de meditación empecé a oír hablar del «*dream* yoga». En una de esas ocasiones, un monje explicaba que este es el nombre que se les da a una serie de prácticas de soñar,

* *Rinpoche* es una palabra tibetana que significa «precioso» y es un título con el que se reconoce a los más reputados maestros del Tíbet.

dormir y experiencias extracorporales que se encuentran en el budismo tibetano, todas ellas basadas en la formación en la lucidez.

El monje me dijo que el *dream* yoga se utiliza para practicar la meditación en el sueño lúcido, para prepararse para el proceso de la muerte, e incluso para percibir la propia naturaleza de la realidad en estado de vigilia. Hablamos de los yoguis que al meditar entran en el sueño conscientemente y de los lamas que utilizan el estado de sueño lúcido para llevar la conciencia a los reinos puros. Estaba fascinado.

Empecé a devorar libros sobre el tema y descubrí que la formación en el sueño lúcido se usa para prepararnos para el «estado bardo posterior a la muerte»,* una experiencia similar a la alucinación en la que entramos cuando nuestro flujo mental se ha separado del cuerpo en el momento de la muerte. Por lo visto, si sabemos dominar de verdad los sueños lúcidos, después, en el momento de morir, podemos estar lúcidos en «el bardo posterior a la muerte», muy similar a un sueño, reconocer la naturaleza de la mente y alcanzar la plena iluminación espiritual. Así pues, el budismo tibetano se toma los sueños lúcidos muy en serio.

Vamos a escuchar, pues, un poco más a mi maestro tibetano de yoga del sueño, el lama Yeshe Rinpoche. Entrevisté a Rinpoche en el monasterio de Kagyu Samye

* *Bardo* es una palabra sánscrita que significa «lugar intermedio». El estado bardo posterior a la muerte es el lugar intermedio entre la vida y lo que sigue.

Ling, en Escocia, donde vive y ejerce de abad, y empecé por preguntarle por el papel que el yoga del sueño desempeña en el budismo tibetano.

–El yoga del sueño es una práctica fundamental de nuestra tradición –me dijo–. En ella tenemos lo que llamamos los seis yogas de Naropa, considerados uno de los conjuntos de prácticas más profundos. Uno de estos seis yogas es el yoga del sueño. En el yoga del sueño aprendemos las prácticas que nos ayudan a reconocer el sueño y alcanzar la lucidez. Cuando en el sueño estamos lúcidos, todo es posible, podemos aprender a viajar a diferentes planetas, podemos expresar una misma cosa de mil formas distintas y reducir mil cosas a una sola.

Después le pregunté por la relación entre la muerte y el sueño lúcido.

–Morir y soñar, todo es lo mismo, nada más que interpretaciones distintas. Una vez que alcanzamos la lucidez estable en los sueños, cuando llega la muerte podemos ver su bardo también como un sueño. Esto elimina cualquier miedo a la muerte porque sabemos que podemos reconocer el bardo de la muerte y lograr el pleno despertar.

–¿Cuál creéis que es el motivo del gran interés que hoy despiertan los sueños lúcidos? –le pregunté.

–Ahora Occidente está preparado para estas prácticas porque en estos tiempos todo el mundo se preocupa de sí mismo –el «yo»–, y esto hace que todo parezca tan sólido y real. Pero en el sueño lúcido el sentido del «yo» es menos sólido, menos real.

–Porque en el sueño lúcido lo eres todo; todo es mente –intervine.

–Sí. Evidentemente. Por esto el sueño lúcido nos ayuda a liberarnos de la solidificación del «yo». Y si no existe el «yo», no existe el sufrimiento, porque no hay un «yo» que sufra. El sueño lúcido nos amortigua: nos muestra la ausencia del yo y actúa como red de seguridad para ayudarnos a practicar el sueño en la vida cotidiana.

»A través del sueño lúcido alcanzamos a ver que nuestra vida también es como un sueño, más largo, pero un sueño. No existe una verdadera realidad. Si sabemos reconocerlo, la vida diaria pierde solidez y entendemos que todo se basa en la naturaleza pura de la compasión incondicional: exactamente como un sueño.

Para más información sobre el lama Yeshe Rinpoche y el monasterio Kagyu Samye Ling, puedes visitar www.samyeling.org.

### Extraño pero cierto

En algunas escuelas de budismo tibetanas se aconseja dormir sentado, en posición de meditación, toda la noche para mantener lúcida la conciencia durante el sueño. Si te parece un poco exagerado, quizás quieras probar con una almohada más alta de lo habitual que te ayude a mantener la claridad.

## LA CULTURA TOLTECA-MEXICA

Además del budismo tibetano, la otra tradición antigua del sueño de la que he tenido mayor experiencia es la cultura tolteca-mexica. En el momento de escribir estas líneas, estoy en plena Gira Mundial del Sueño Lúcido con mi amigo y maestro Sergio Magaña. Sergio es el autor de *El secreto tolteca*, y en 2013 fue nombrado representante de la Unesco para la conservación de la tradición tolteca-mexica.

Le pregunté por los orígenes de la tradición en la que basa su trabajo con los sueños, y esto es lo que me respondió:

–Hay dos versiones sobre el origen de las prácticas del sueño en la tradición tolteca-mexica. La tradición oral dice que hubo un grupo de soñadores llamados «la gente del halo de la luna» que vivieron en un lugar llamado Teotihuacán hace cincuenta mil años y que fueron los primeros soñadores. Aquellos humanos crearon las dos diferentes tradiciones de lo que se conoce como *nahualismo*: el antiguo conocimiento del sueño de México.

»Una de las tradiciones fue la de mexica (el pueblo de la luna), cuyos seguidores utilizaban plantas como el peyote alucinógeno para abrir la conciencia, además de fórmulas chamánicas específicas como la ingestión del cuerpo molido de una serpiente para invitar al espíritu de esta a entrar en los sueños. La otra tradición era la tolteca, que se centraba más en técnicas de control de la respiración basadas en las matemáticas del universo, y también en las danzas rituales. De estas dos tradiciones tomaron el nombre las dos culturas modernas tolteca y mexica de los últimos mil años.

–¿Y la otra versión? –pregunté.

–La otra versión, y yo diría que la más oficial, es que unos nómadas llamados chichimecas, 'el pueblo del doble poder', el de la vigilia y el del sueño, que vivieron en lo que hoy es Estados Unidos y México, iniciaron estas prácticas hace unos cuatro mil años. Unas prácticas, sin embargo, que hoy están casi totalmente extinguidas, y solo he conocido a cuatro personas en todo México que las conozcan bien. La razón fue la orden del último gobernante azteca de esconder los tesoros –los españoles creían que era el oro, pero en realidad era el conocimiento de las prácticas del sueño–. Después se profetizó que, con el amanecer del sexto sol, esos tesoros regresarían. La era del sexto sol empezó en 2012, lo que significa que ha llegado el momento de desvelar aquellas antiguas prácticas.

Le pregunté a Sergio cómo entró en contacto por primera vez con estas prácticas.

–Mi niñera era una de aquellas cuatro personas que conocían las prácticas del sueño. Era hija de un respetado sanador, un curandero, de un grupo indígena llamado los otomíes. Tenía algunos conocimientos, y ese fue mi primer encuentro con el mundo de los sueños. Muchos años después conocí a mis maestros –me respondió.

A continuación me explicó algunas técnicas del sueño lúcido de esta tradición.

–Las técnicas principales son determinados ejercicios de respiración antes de acostarse para sembrar los sueños y estimular el sueño lúcido. Hay también otras técnicas más complejas como el *chac mool*, un ejercicio de respiración que te cambia la imagen al mirarte en un espejo de obsidiana.

»Con esta técnica puedes ordenar cómo quieres aparecer en el mundo del sueño, dependiendo del aspecto de tu vida con el que quieras trabajar: la sanación o la abundancia, por ejemplo, o lo que desees.

»En los sueños buscamos también el espíritu del sol, la luna y las estrellas. Antes del sueño hacemos una ceremonia en luna llena en la que participan muchos soñadores, y aquellos que alcanzan la lucidez pueden aparecer en los sueños de los demás.

Para más información sobre la obra de Sergio, puedes visitar www.sergiomagana.com o consultar su libro *El secreto tolteca*.

## LA LUCIDEZ CHAMÁNICA

Hay una magnífica historia sobre un periodista que estudiaba las culturas tribales indígenas del mundo. Al presentarse como estadounidense a los líderes de varias tribus, en tres ocasiones tres líderes distintos de tres rincones diferentes del mundo le preguntaron: «¿Eres estadounidense? ¿Conoces a Stanley Krippner? Antes vivió con nosotros».

Tuve el honor de conocer al legendario antropólogo octogenario en la conferencia «Los portales de la mente» en 2013 y, desde entonces, he tenido oportunidad de hablar con él sobre prácticas chamánicas del sueño lúcido de distintas partes del mundo.

El doctor Krippner empezó por explicarme qué son realmente los chamanes:

–Son profesionales socialmente aprobados que obtienen información inaccesible para los demás. Esta información se usa para sanar o ayudar a su grupo social. El sueño lúcido es una fuente de esta información.

–¿Así que el sueño lúcido desempeña un papel fundamental en algunas tradiciones? –le pregunté.

–Un chamán con el que hablé en Brasil me dijo que cualquiera que sueñe participa un poco del chamanismo, aunque no conozco ninguna tradición chamánica donde el sueño lúcido cumpla una función *fundamental*. Pero, evidentemente, hay chamanes individuales que usan el sueño lúcido como parte esencial de su cometido. Un alumno mío hizo la tesis doctoral sobre un médico nativo americano llamado Trueno Rodante que era «caminante de los sueños» y podía entrar en los sueños de otros y ofrecerse a sanarlos.

»Y, como bien sabes, muchos lamas tibetanos cultivan el sueño lúcido, una tradición que se remonta a la cultura del Bon, que surgió del chamanismo.

Le pregunté a Stanley por qué el sueño lúcido es tan importante para algunos practicantes del chamanismo.

–El sueño lúcido era, y sigue siendo, importante en estas tradiciones porque se piensa que el sueño es la puerta de entrada a otros mundos. Si uno es capaz de controlar sus propios sueños, puede acceder a esta puerta de forma mucho más directa. Además reporta beneficios prácticos: el chamán puede soñar sobre las hierbas necesarias para curar a enfermos o sobre los rituales adecuados para provocar la lluvia.

–Al parecer, los chamanes usan el sueño lúcido de forma mucho más práctica que en Occidente, donde se suele utilizar con fines recreativos –señalé.

–Desde luego, y muchos estudiosos de religiones comparadas señalan que los practicantes orientales del sueño lúcido emplean también procedimientos mucho más complejos y sofisticados que los que recientemente adoptaron los occidentales.

Por último, no me pude resistir a preguntarle al hombre que había sido tan importante para despertar la conciencia de la medicina herbal en Occidente si la experiencia del sueño lúcido se podía comparar con la ayahuasca de esa tradición médica.

Conocida también como *yage*, la ayahuasca es una mezcla de dos plantas: la liana ayahuasca (*Banisteriopsis caapi*) y un arbusto llamado chacruna (*Psychotria viridis*), que contiene dimetiltriptamina, un compuesto psicodélico. Forma parte de antiguas culturas médicas de la región amazónica.

–Algunos antropólogos especulan sobre la posibilidad de que el sueño lúcido sea un desarrollo cognitivo que pueda cambiar la neurología de quien sueña –algo parecido a la iniciación en el uso de la ayahuasca–, pero la única relación directa entre las experiencias de la ayahuasca y el sueño lúcido es que muchas personas relatan que tienen sueños lúcidos inmediatamente después de que termine la experiencia con la ayahuasca, un hecho, sin embargo, que es anecdótico. No se ha realizado ningún estudio sobre el tema.

Para más información sobre la obra de Stanley Krippner, puedes visitar www.stanleykrippner.weebly.com.

## LOS SUFÍES LÚCIDOS Y EL ENFOQUE ISLÁMICO

El sufismo es un aspecto o dimensión mística del islam[1] con una profunda tradición en lo que respecta a los sueños lúcidos. El sufí español Ibn al-Arabí decía que «la persona debe aprender a controlar sus pensamientos en el sueño. El aprendizaje de tal estado de alerta le reportará grandes beneficios».[2] También pregonaba la necesidad de aprender a soñar con lucidez, y en su opinión «todos deberían aplicarse en lograr esta capacidad».

Hablé con Nigel Hamilton, representante del Reino Unido en la Orden Sufí Internacional, sobre la práctica del sueño lúcido en su tradición, y me dijo que «las órdenes sufíes árabes hablan de que las revelaciones se reciben a través de los sueños, pero el mayor potencial de estos es que pueden conducir a visiones en estado de vigilia».

Añadió que «debido a la interacción entre sufíes y yoguis indios, en el sufismo se encuentran algunas prácticas de sueño lúcido procedentes originariamente de la tradición vedanta de la India. Una de estas prácticas consiste en meditar sobre un punto rojo en el chakra del tercer ojo, una práctica que se parece también a ciertas técnicas de yoga del sueño del budismo tibetano».

Desde sus inicios hace más de mil cuatrocientos años, todo el islam –no solo el sufismo– ha tenido una estrecha relación con los sueños. El propio profeta Mahoma los utilizaba para aconsejar sobre asuntos militares y religiosos, y gran parte del Corán le fue revelada a través de sus sueños. Incluso una corriente del Corán señala que el trabajo con los sueños es «la ciencia suprema desde el principio del mundo».[3]

El profeta «preguntaba a sus discípulos por sus sueños todas las mañanas, y se los interpretaba».[4] Es interesante que la llamada a la oración islámica (*adhan*) fue instituida por Mahoma después de que uno de sus discípulos más cercanos soñara en ella y le contara su sueño.

En el islam hay también un sistema de práctica formal del sueño llamado *istikhara*. Con él, durante el día se recitan oraciones para, por la noche, recibir la deseada orientación en los sueños.[5]

## LOS XHOSA DE SUDÁFRICA

Hace ya unos años que conozco a John Lockley, sangoma sudafricano, y hace poco le pedí que me ayudara a dilucidar las prácticas de trabajo con los sueños de la tribu xhosa de Sudáfrica, de la que forma parte.

John empezó por decirme que la cultura sangoma de los xhosa es una antigua tradición con enseñanzas y prácticas que se transmiten de generación en generación.

–La tribu de los xhosa está vinculada al pueblo khoisan (aborígenes), de quienes se sabe que fueron los primeros pobladores de África del sur. Eran cazadores y recolectores, y a partir del siglo XVIII se cruzaron con la tribu xhosa, y se cree que algunas de las costumbres oníricas con las que hoy trabajan los sangomas xhosa tienen su origen en el pueblo khoisan.

–¿Las prácticas del sueño de los xhosa son hoy muy conocidas?

–Son muy conocidas entre los sangomas xhosa y sus aprendices, y también entre sangomas de otras tradiciones –me respondió–. Actualmente intento promover por todo el mundo estas prácticas indígenas del sueño. Pero parece que hoy existe poca conciencia de ellas en el mundo occidental.

Seguí preguntándole cómo llegó al trabajo con los sueños de los indígenas africanos, teniendo en cuenta sobre todo que se había criado como sudafricano blanco en los tiempos del *apartheid*.

–Cuando tenía dieciocho años, tuve un sueño en el que se me llamaba a ser sanador sangoma tradicional. En el sueño se me dijo que si aceptaba esa llamada, me pondría muy enfermo. Es la enfermedad llamada *twaza* o enfermedad de la llamada, muy común entre los iniciados sangoma. La *twaza* me debilitó mucho. Tenía fiebre, sudores nocturnos, ansiedad y depresión. Me provocó una enorme descarga de energía eléctrica que me atravesó, una descarga que en Sudáfrica llamamos *umblini*. Se parece a la idea de *kundalini* de las tradiciones indias.

–¿Y qué pasó después? –le pregunté.

–Bueno, yo era blanco y no podía entrar en las zonas en las que estaban segregados los negros, así que no podía encontrar a mi maestro sangoma. Pero los sueños pronto me orientaron para salvar este obstáculo. Primero me mostraron el budismo zen y me llevaron a trabajar con un maestro zen en Corea del Sur. Regresé a Sudáfrica en 1993, cuando Mandela fue elegido presidente del país y por fin acabó el *apartheid*. Pocos años después encontré a mi maestro sangoma, quien me confirmó mis experiencias con los sueños y me enseñó las formas de su pueblo.

—¿Cuáles eran exactamente esas «formas»?

—Básicamente hay tres prácticas principales que estimulan los sueños y ayudan a conseguir la claridad en la vida diaria. Son el trabajo rítmico, las plantas medicinales y las plegarias ancestrales. El ritmo sangoma es como un latido peculiar que se toca en un gran tambor llamado *isiguba*. Bailamos al son de este ritmo.

»Después están las plantas medicinales, que se usan para purificar el cuerpo, interiormente, en forma de bebidas, y exteriormente, con lavados de la piel. Normalmente se utilizan plantas no alucinógenas.

»Y por último la plegaria, evidentemente una parte esencial del camino. Los sangomas rezan a sus antepasados, a los espíritus guardianes y a *uThixo*, el Gran Espíritu. Lo hacen con un ritmo que les permite desligarse del cuerpo.

Para más información sobre la obra de John en todo el mundo, puedes visitar www.johnlockley.com.

¿Te motivan todas estas sorprendentes tradiciones de sueño lúcido? En tal caso, volvamos a la única tradición que nos lleva a todas: ¡la práctica!

## CAJA DE HERRAMIENTAS 5: ACCESO AL ICEBERG

Se nos van llenando rápidamente las cajas de herramientas, así que vamos a fijarnos en una técnica clásica del sueño lúcido que se encuentra en muchas de las tradiciones que hemos visto en este capítulo. La técnica permite acceder directamente al iceberg del inconsciente, sin dejar de ser plenamente conscientes.

## DORMIRSE CONSCIENTEMENTE

Para muchas personas, dormirse conscientemente (DC) es el santo grial de la práctica del sueño lúcido, pero en realidad no es tan difícil como aparenta. Es una técnica cuyo dominio puede requerir cierto tiempo, pero la he enseñado a cientos de personas y he visto cómo la aplicaban al cabo de solo unas semanas, incluso la primera noche de práctica.

El DC mezcla elementos de una conocida técnica de sueño lúcido llamada WILD* (siglas inglesas de sueño lúcido iniciado en estado de vigilia) con algunos de mis métodos y un poco de conciencia meditativa. El objetivo es pasar por el estado hipnagógico y entrar en el sueño REM sin desconectar ni perder la conciencia. El DC es una técnica increíblemente sencilla y a veces sumamente imprecisa, e implica dejar que el cerebro y el resto del cuerpo se duerman mientras parte de la mente sigue despierta.

Te aconsejo que la practiques después de despertar brevemente en las últimas horas de tu ciclo del sueño,

* *Wild*: 'salvaje'. En inglés el nombre de la técnica funciona como acrónimo mnemotécnico.

cuando vas a entrar en el sueño REM directamente desde el estado hipnagógico. Como vimos en la caja de herramientas número dos, cuando te quedas dormido pueden transcurrir unos ochenta minutos hasta que entras en la primera fase de sueños, pero si te despiertas en las primeras horas (sea de forma natural o con el despertador) y vuelves a dormirte, al cabo de quince minutos entrarás en el estado de soñar. De lo que se trata con esta técnica es de entrar cuanto antes en la fase de los sueños.

Dentro de la técnica DC que enseño, existen tres variables que son las que más me gustan. Veamos cada una por separado.

## LA TÉCNICA DC (DORMIRSE CONSCIENTEMENTE)

**Cinco pasos para entrar en el estado hipnagógico**

Para entrar en el estado de los sueños de forma lúcida, haz como el surfista. Nada por las imágenes hipnagógicas y «cabalga» lúcidamente la ola del soñar. Si tienes un buen sentido del equilibrio mental y la conciencia, esta es tu técnica.

1. Después de dormir como mínimo cuatro horas y media, despiértate y escribe lo que hayas soñado. A continuación proponte alcanzar la lucidez, cierra los ojos y déjate caer de nuevo en el sueño.

2. Cuando entres en el estado hipnagógico, concentra suavemente la conciencia mental en las imágenes hipnagógicas y déjala flotar a través de ellas, permitiendo que se vayan formando, capa sobre capa. Aquí lo fundamental es mantener una exquisita vigilancia sin quedarte dormido inconscientemente.
3. No intervengas en las imágenes hipnagógicas que surjan, pero tampoco las rechaces. Limítate a estar tumbado observándolas hasta que el paisaje onírico se haya formado lo bastante para que lo «cabalgues» conscientemente. Si notas que te quedas a oscuras, sigue concentrándote en las imágenes hipnagógicas. Seguirán formándose, capa sobre capa, hasta que empiecen a incorporarse al paisaje onírico, algo digno de ver.
4. A medida que el sueño se vaya consolidando, es posible que sientas un suave tirón o la sensación de ser succionado. Es la señal de que ya se ha formado por completo la ola del sueño. En términos surfistas, estás en el punto perfecto.
5. Si puedes permanecer consciente un poco más y estás preparado para zambullirte, verás cómo «cabalgas» la ola del sueño con plena lucidez.

### Cinco pasos para el cuerpo y la respiración

Si tienes una buena conciencia del cuerpo (quizás te guste bailar, el ejercicio físico o el yoga), es posible que esta versión de la técnica DC sea la que más te convenga. Implica observar tu conciencia en todas las partes del cuerpo mientras te quedas dormido y entras en el sueño lúcido.

1. Después de cuatro horas y media de sueño, despiértate y escribe lo que hayas soñado. Proponte alcanzar la lucidez, cierra los ojos y déjate caer de nuevo en el sueño.
2. Cuando entres en el estado hipnagógico, centra suavemente la conciencia mental en las sensaciones del cuerpo y en la respiración que fluye por él. Seguirán surgiendo las imágenes hipnagógicas pero en lugar de concentrarte en ellas, como en la técnica anterior, hazlo ahora en las sensaciones corporales. Si notas que te estás desvaneciendo, sigue concentrado en esas sensaciones y en la respiración.
3. Tal vez te des cuenta de que la observación de la conciencia por todo el cuerpo te funciona bien. Otra posibilidad es que te limites a dejar que las sensaciones corporales te llamen la atención cuando aparezcan. Ser consciente de los puntos de contacto de tu cuerpo con la cama también funciona.
4. En un determinado momento notarás la parálisis corporal que acompaña al sueño REM. No te asustes, solo significa que estás en la entrada de los sueños.

5. Una vez que hayas escaneado el cuerpo o hayas puesto la atención en determinadas sensaciones, sé consciente de todo el cuerpo en el espacio que ocupa. Incorpóralo a tu conciencia y deja que la mente siga lúcida mientras las imágenes hipnagógicas se convierten en sueños y entras en la lucidez.

**Cinco pasos para contar el sueño**

Esta versión de la técnica no es especialmente meditativa ni requiere mucha conciencia del cuerpo, pero sí la capacidad de mantener una sensación de conciencia reflexiva cuando desciendas a los sueños. Contar y repetir una pregunta (o reflexión) cuando pases de estar despierto a soñar te ayudará a mantener la fluidez de la conciencia.

1. Después de dormir cuatro horas y media, despiértate y escribe lo que hayas soñado. Proponte alcanzar la lucidez, cierra los ojos y déjate caer de nuevo en el sueño.
2. Cuando entres en el estado hipnagógico, hazte sucesivas preguntas numeradas sobre tu estado de conciencia. Por ejemplo: «Uno: ¿Estoy soñando? Dos: ¿Estoy soñando?», y así sucesivamente. Para esta técnica, yo prefiero: «Uno: ¿Estoy lúcido? Dos: ¿Estoy lúcido?», pero puedes usar lo que mejor te parezca.

3. En los primeros minutos lo más probable es que la respuesta sea que no: «No, sigo despierto», pero cuando llegues a la pregunta veinte, seguramente responderás: «Ya estoy en el estado hipnagógico».
4. Si puedes seguir hasta treinta, cuarenta y hasta cincuenta sin dormirte, es posible que la respuesta sea: «¡Casi!». El estado hipnagógico se empieza a consolidar. Pero no pases de cien preguntas, porque es posible que para entonces hayas pasado de largo y estés despierto.
5. El fin último es responder la pregunta: «¿Estoy soñando?» con algo así como: «Sesenta y uno: ¿Estoy soñando? Un momento... Sí, estoy soñando. Estoy lúcido», porque te encuentres plenamente consciente dentro del sueño.

## LA TÉCNICA DEL DESPERTAR MÚLTIPLE

Según la tradición budista tibetana, si nos dormimos una vez por la noche y nos despertamos una vez por la mañana, solo tenemos una oportunidad de dormirnos conscientemente: una única oportunidad de recordar los sueños y de emplear las técnicas para soñar. Pero si nos despertamos y dormimos de nuevo tres veces durante la noche, triplicamos las posibilidades de éxito. Esta idea es la base de la técnica del despertar múltiple.

En las primeras cuatro horas y media de sueño es cuando dormimos más profundamente y con un sueño reparador, así que no vamos a interrumpirlas, pero en las horas siguientes, como recordarás, empezamos a soñar en períodos más largos, y, en este sentido, las dos últimas horas del ciclo del sueño son las mejores.

Y no te preocupes, si programamos despertarnos cuando coincida con los noventa minutos de cada ciclo del sueño, no por ello nos sentiremos menos descansados al día siguiente.

En los retiros de sueño lúcido que dirijo normalmente nos acostamos a las diez y media y nos despertamos a las tres y media, a las cinco, a las seis y media y a las ocho. Es como una fiesta de pijamas espiritual todas las noches.

Para ello, pon el despertador para despertarte cuando lleves durmiendo un mínimo de cuatro horas y media, y después de dedicar cinco o diez minutos a escribir lo que hayas soñado, pon de nuevo el despertador para dentro de noventa minutos y duérmete con la técnica de sueño lúcido que hayas decidido. Repítelo cuantas veces sean necesarias.

## PERMANECER EN EL SUEÑO

Dispones ya de cinco cajas de herramientas llenas de técnicas con las que trabajar, por lo que pronto vas a empezar a tener sueños lúcidos (si es que aún no los has tenido), así que vamos a fijarnos ahora en cómo permanecer en el estado de sueño lúcido una vez que llegamos a él.

Como decía en el capítulo uno, la forma más habitual de sueño lúcido para los principiantes es algo así: simplemente sueñan, completamente inconscientes de que están soñando, y de repente ocurre algo extraño y piensan: «¡Espera, espera! ¡Es un sueño! Estoy teniendo un sueño lúcido. ¡Santo cielo! Es algo...».

Y después la propia excitación que todo ello les produce hace que se despierten. La excitación y el asombro son dos de los sentimientos que más me gustan pero, si queremos permanecer en el sueño lúcido más de unos pocos segundos, tenemos que aprender a controlarlos. El hombre que me enseñó a hacerlo es una de las principales autoridades en el sueño lúcido, Robert Waggoner– por lo que pensé que sería fantástico que también él os enseñara a mantener la calma.

## Consejos de un profesional: mantén la calma y sigue, con Robert Waggoner

¡Lo conseguiste! Has estado lúcidamente consciente. Por extraño que parezca, estás (o flotas o planeas) en el sueño, sabiendo que es un sueño. Es una sensación increíble.

Pero es posible que un elemento importante obstaculice tu aventura lúcida y haga que desaparezca: *tus emociones*. Casi todos los soñadores lúcidos descubren que el exceso de intensidad emocional los saca del sueño lúcido, por lo que seguramente lo primero que debes tener en cuenta cuando alcances la lucidez es la necesidad de mantener la calma y seguir con el sueño.

Cada soñador lúcido tiene su propio grado de intensidad emocional. Es posible que te encuentres con que puedes gestionar un grado considerable de alegría, euforia y júbilo antes de pulsar el botón que te expulse del sueño lúcido. Pero llegará un punto en que descubras que la intensidad de las emociones que puedes sentir en un sueño lúcido tiene sus límites. ¿Qué hacer? Es muy sencillo. En mis talleres, repito a los soñadores lúcidos principiantes que controlen el nivel de las emociones. Si crees que estás excesivamente excitado, aplica una o varias de las siguientes prácticas:

- Di mentalmente: «Tranquilízate, relájate, ten calma». Esta simple sugerencia puede provocar una inmediata reducción del grado de emoción.
- Aparta de la mente todo lo que intensifique las emociones. Si ves lúcidamente a Brad Pitt y Angelina Jolie, no dejes que las emociones se agudicen. Mejor, baja la mirada al suelo o hacia tus

pies. Apartar la mente de la escena excitante suele reducir drásticamente la intensidad de las emociones. Cuando estés calmado, les puedes pedir un autógrafo, por supuesto, charlar tranquilamente con ellos e invitarlos a que te acompañen por el paisaje de tu sueño.

- Por último, puedes mirarte las manos unos segundos para reducir el grado de emoción y centrar la conciencia. Aprendí esta práctica de Carlos Castaneda, en su libro *Viaje a Ixtlán*. Observar las manos me ayudaba a centrarme y, además, parecía que con ello conseguía mejor atención y energía para un sueño lúcido más reflexivo.

Ahí lo tienes. Tres técnicas prácticas que puedes usar para prolongar el sueño lúcido cuando percibas que las emociones alcanzan un nivel crítico. Si no puedes recordarlas todas en tu sueño lúcido, intenta recordar simplemente este propósito: «Mantén la calma y sigue». Si lo tienes presente, todo irá bien.

Robert Waggoner es autor del libro *Lucid Dreaming: Gateway to the Inner Self* y coeditor de la revista *Lucid Dreaming Experience*. Fue presidente de la Asociación Internacional para el Estudio de los Sueños y dirige talleres en todo el mundo sobre la pasión de su vida: el sueño lúcido.

## LISTA DE COMPROBACIÓN DE CHARLIE 

- Dominar la técnica DC puede requerir cierto tiempo, así que prueba durante unas noches cada una de sus variantes antes de pasar a la siguiente.
- La técnica hipnagógica de entrar en el sueño se basa fundamentalmente en dormirse meditando, por lo que, para incrementar las probabilidades de éxito, quizás convenga que hagas determinados ejercicios de meditación *mindfulness* durante el día.
- Si vas a aplicar la técnica del despertar múltiple, asegúrate de que pones el despertador en los diferentes momentos de la noche, para mantener los períodos de noventa minutos exactos entre cada sesión.
- Si quieres practicar estas técnicas, el despertador será un elemento fundamental en tu actividad nocturna, así que busca uno que te despierte poco a poco y con un tono suave.
- No te olvides del diario de los sueños ni de las verificaciones de la realidad durante el día y planifica la técnica que vayas a utilizar cada noche.

# 7

# LA ALIMENTACIÓN LÚCIDA

Hemos visto más de una docena de técnicas de sueño lúcido. Vamos a hablar ahora de lo mejor que la naturaleza nos puede ofrecer para su práctica.

## VITAMINAS, MINERALES Y OTROS ALIMENTOS PARA SOÑAR

Hay muchas sustancias químicas y pastillas que aseguran propiciar el sueño lúcido, pero nada mejor que la práctica de técnicas efectivas. Dicho esto, está demostrado científicamente que ciertos minerales y vitaminas hacen más vívidos los sueños y, además, son beneficiosos para la salud en general.

## LA VITAMINA $B_6$

La vitamina que mayores efectos parece tener en los sueños es la $B_6$. Un estudio del New York City College reveló «una importante diferencia de intensidad, extrañeza, emocionalidad y color entre quienes tomaron vitamina $B_6$ y quienes tomaron un placebo».[1] A los participantes en el estudio se les dieron 250 mg de vitamina $B_6$, una cantidad considerable. Yo recomendaría una dosis de 100 mg con algo de comida antes de acostarse.

### Cómo funciona la vitamina $B_6$

La vitamina $B_6$ convierte aminoácidos como el triptófano en serotonina, lo cual provoca una excitación cortical durante las fases REM del sueño, en la que se producen los sueños.[2] Esta excitación del cerebro es lo que causa que los sueños sean más intensos. Además, la $B_6$ parece propiciar una mejor memoria, porque parece que esta vitamina mágica ayuda a recordar esos sueños tan vívidos.

También se han relacionado otras vitaminas B, como la colina y la $B_5$, con sueños más intensos, por su incidencia en el neurotransmisor acetilcolina, que interviene en el sueño REM, de modo que un complejo general de vitaminas B con una buena dosis de $B_6$ debería funcionar. Pero más de 1.000 mg al día de suplementos $B_6$ puede producir efectos adversos, así que hay que ser prudentes.

### ¿La debo tomar como suplemento?

No. Si la puedes obtener de alimentos naturales, mejor. Los cereales integrales, el hígado y la carne, los huevos, las judías, los frutos secos y los plátanos contienen vitamina $B_6$. Un adulto sano solo necesita 1,3 mg al día para un funcionamiento normal, una cantidad que se puede obtener con una dieta equilibrada. Algunos estudiosos creen que si se quiere que la vitamina $B_6$ afecte de forma importante a los sueños, hay que tomar un suplemento, pero es evidente que no han probado ninguno de mis batidos supernaturales de vitamina B. En las referencias encontrarás mi receta personal.[3]

Rebecca Turner, especialista en sueño, aconseja algo intermedio. Recomienda tomar alimentos que contengan triptófano (el aminoácido derivado de la vitamina $B_6$) aproximadamente al mismo tiempo que se tome el suplemento de $B_6$, unas horas antes de acostarse. Tres de los alimentos más ricos en triptófano son el pollo y el pavo, la soja y el queso curado. Así que hay algo que decir sobre el queso y los sueños.

## EL CALCIO Y EL MAGNESIO

Para muchas personas, dormir bien y soñar mucho puede ser tan sencillo como cambiar de dieta para incluir alimentos ricos en calcio y magnesio. Los estudios demuestran que la falta de estos minerales puede impedir dormirse con facilidad y después seguir dormido.

## El calcio

Un estudio publicado en el *European Neurology Journal* informaba que las perturbaciones del sueño, en especial la falta de sueño REM y profundo, suelen estar relacionadas con un déficit de calcio.[4] El calcio ayuda al cerebro a utilizar el triptófano para fabricar melatonina, la sustancia química inductora del sueño, por lo que cuanto mayores niveles de calcio tenemos, más melatonina podemos producir. Parece, pues, que el tradicional vaso de leche antes de acostarse tiene cierta razón de ser, o la tenía, porque la leche no pasteurizada contiene altos niveles de calcio, pero con el tratamiento con calor al que actualmente se la somete se pierde gran parte de él.

La International Osteoporosis Foundation habla de las sardinas y los boquerones como los alimentos con mayor contenido en calcio, junto con las almendras, las semillas de sésamo y quesos curados como el parmesano y el *cheddar*.[5]

## El magnesio

El magnesio cumple una importante función en la hidratación, la relajación muscular, la producción de energía y, algo fundamental, la desactivación de la adrenalina. Es vital para el funcionamiento de ciertos receptores cerebrales que hay que desconectar antes de dormir, un proceso sin el cual seguiríamos tensos y sin dejar de darle vueltas a la cabeza tumbados y mirando al techo.[6] Los estudios demuestran que el magnesio puede cambiar los patrones del sueño en pocos días. Yo lo uso de forma regular para relajar el cuerpo y la mente cuando he estado practicando artes marciales hasta muy tarde.

Muchas personas, coman carne o sean vegetarianas, tienen déficit de magnesio simplemente porque en los alimentos actuales se encuentra en pequeñísimas dosis, pero si tomas suficientes hortalizas de hoja verde oscuro, frutos secos y semillas (en especial de calabaza) y aceite de pescado, pronto obtendrás la dosis diaria que necesitas.

Quienes prefieran tomar un suplemento podrán encontrar magnesio y vitaminas B en tabletas, que se pueden tomar antes de acostarse. A las personas con problemas digestivos les puede costar más absorber los minerales, por lo que quizás prefieran magnesio en aerosol, que se absorbe a través de la piel, o un baño con sales de magnesio antes de irse a la cama.

**Nota**: Todos los minerales y vitaminas mencionados son seguros en dosis adecuadas y van muy bien para tener sueños intensos, pero, por favor, ten cuidado de no caer en la costumbre de tomar pastillas para ayudarte a soñar.

### Aprende a comer de la gente del norte

Mi prometida es de Yorkshire, en el norte de Inglaterra, y haciendo honor a la tradición de esa región, le gusta llamar «cena» a la comida del mediodía y comer por última vez a las cinco de la tarde. Como londinense que soy, las cinco de la tarde me parece una hora extremadamente temprana para cenar, pero tiene una gran ventaja. Comer pronto es fantástico para soñar.

Cuanto antes comas, más fácil es que tu cuerpo esté descansado cuando te acuestes. Si te quedas dormido mientras el estómago sigue trabajando en digerir la comida, se desviará a este órgano una energía que debería ir al cerebro para que alimentara tus sueños.

En los retiros de sueño lúcido que dirijo solo tomamos una sopa y ensalada a las seis de la tarde, para que el cuerpo quede libre para la noche de sueños que le espera. Los monjes y monjas del budismo tibetano normalmente no comen nada después del mediodía, o si comen por la tarde suele ser algo muy ligero, porque para el budista tibetano acostarse con el estómago vacío permite que la energía interior fluya mejor a través de los sutiles canales, lo cual se considera una ayuda para la práctica del sueño.

### Si quieres soñar, no bebas

Aunque una pinta de Guinness contiene vitaminas del grupo B, el alcohol es un gran obstáculo para la práctica de los sueños. El alcohol es un depresor, te marea y hace que sientas muchas menos ganas de soñar y, en algunos casos, que te comportes como un idiota.

Según el Instituto Nacional de Trastornos Neurológicos y Apoplejías de Estados Unidos, aunque parezca que si vas bebido duermes profundamente, la realidad es que «el alcohol solo ayuda a quedarse dormido, pero también priva del sueño REM y de las fases más profundas y restauradoras».

El cannabis es otra droga que realmente entorpece los sueños y hace que sean más difíciles de recordar, y hablo por propia experiencia de mis años jóvenes. La marihuana es incompatible con la práctica del sueño lúcido.

## OLER LA LUCIDEZ

¿Alguna vez has olido un determinado aroma que enseguida te haya traído recuerdos del pasado? Imagina que ese recuerdo se pudiera usar como señal de sueño. La asociación aromática es una técnica de sueño documentada por primera vez en el siglo XIX por el marqués D'Hervey de Saint Denys, pionero del sueño lúcido.

El noble francés se puso un determinado perfume todos los días durante un viaje a las montañas del sur de Francia, y al regresar a casa dejó de aplicárselo. Pocos meses después le dijo a su criado que pusiera unas gotas del perfume en la almohada en noches decididas al azar mientras durmiera. Una de esas noches, el marqués vio que soñaba con las montañas, una señal de sueño (porque ya no estaba en las montañas) que lo ayudó a permanecer en estado de lucidez.

Si quieres hacer un experimento similar, o simplemente quieres facilitar el recuerdo de lo que sueñes, te aconsejo que uses esencia de romero. Está demostrado científicamente que la inhalación de micropartículas de esta planta ayuda a estimular la memoria porque inhibe las enzimas que entorpecen el funcionamiento normal del cerebro.[7]

¿Y las otras esencias que pueden llevarnos a la tierra de la lucidez?

### La artemisa

Llamada *nagadami* en sánscrito, la artemisa se utiliza desde hace cientos de años en la medicina ayurvédica para tratar las afecciones cardíacas, la intranquilidad, la ansiedad y el malestar general. Muchos practicantes del chamanismo la emplean desde hace siglos para estimular los sueños, y saben que nublarse con ella antes de acostarse (echando humo alrededor del cuerpo e inhalándolo) puede aumentar considerablemente la intensidad y el recuerdo de los sueños.

**Nota importante:** Las mujeres embarazadas deben evitar la exposición prolongada a la artemisa.

### La salvia

La salvia se suele usar en aromaterapia para aliviar la ansiedad y el miedo, los problemas relacionados con la menstruación y el insomnio. No huele particularmente bien, pero descubrí que oler un pañuelo con unas gotas de aceite de salvia antes de quedarme dormido hacía que tuviera sueños vívidos todas las noches.

**Nota importante:** Si has tomado alcohol, es mejor que no uses la salvia, porque parece que la mezcla puede provocar pesadillas.[8]

### Extraño pero cierto

Los olores espantosos pueden provocar sueños terroríficos. Investigadores alemanes descubrieron que los olores del dormitorio pueden afectar significativamente a los sueños. Utilizaron olores con connotaciones negativas o positivas (como el de huevos podridos o el de rosas) para influir en los sujetos mientras dormían. Descubrieron que los olores desagradables solían provocar sueños también desagradables, mientras que las habitaciones con olor a rosas generaban sueños también de color rosa.[9]

## ESENCIA DE SEMILLAS DE CAMALONGA

En la conferencia «Los portales de la mente» conocí a una mujer llamada Mimi. Me dijo que era chamana y había pasado siete años en el Amazonas. Quería que probara una nueva esencia potenciadora de los sueños que había elaborado con semillas del árbol camalonga, una planta maestra que estimula los sueños lúcidos e intensos.

Le pedí a Mimi que me hablara más de la esencia, y me dijo que, tradicionalmente, el chamán macera las semillas de camalonga macho y hembra en alcohol de azúcar de caña y con hojas de alcanforero macho y hembra. El preparado se toma antes de acostarse. Los espíritus de camalonga intensifican la energía de la persona mientras sueña, un refuerzo que genera sueños lúcidos. Me contó que la energía del espíritu de la planta está en la esencia, y esta es la que afecta a los sueños.

Pensé que sonaba muy bien, pero cuando descubrí que dicha esencia no era más que una mezcla de brandi y agua y sin ninguno de los componentes activos de la semilla de camalonga –simplemente su «espíritu»– decidí olvidar el asunto. Y así lo hice durante un par de semanas. Luego, una noche pensé que tal vez no me fuera mal probar un poco. Después de bromear con mi prometida diciendo que seis gotas de brandi aguado al menos me ayudarían a dormirme enseguida, pronto caí en un estado hipnagógico sin incidente alguno.

Y a continuación llegaron los sueños...

Tuve algunos de los sueños lúcidos, pesadillas y falsos despertares mayores y más intensos de los que había tenido en mucho tiempo. En las cuatro noches que usé la esencia de semillas de camalonga tuve seis largos sueños lúcidos y varios sueños de gran «claridad» de significado arquetípico. Después de descansar unos días, en los que tuve sueños adecuadamente normales, empecé de nuevo con la esencia, y el subidón de energía lúcida que había entrado antes en mis sueños regresó. Aquello funcionaba. Parecía como si el espíritu de las semillas de camalonga estuviera realmente en la esencia e hiciera de mi escepticismo la oportunidad perfecta para demostrar su verdadero poder.

Para más información sobre las infusiones de Mimi, puedes visitar www.sacredtreeessences.com.

## EL INFLUJO DE LA LUNA

A muchos budistas les encanta la luna llena, y son bastantes las prácticas reservadas para los días de plenilunio. ¿Por qué ese gusto? Se cree que casi todos los sucesos importantes de la vida de Buda se produjeron en luna llena: su nacimiento, su iluminación y hasta su muerte.

En consecuencia se dice que los días (y noches) de luna llena aumentan la fuerza de la práctica de la meditación, por lo que son varias las prácticas que se realizan en esos días. En algunos centros budistas tibetanos incluso hay meditaciones en la compasión que se prolongan desde las seis de la tarde hasta las seis de la mañana, durante toda la noche de luna llena.

En la antigua tradición de la India se cree que la luna controla el agua y que, como los planetas, influye considerablemente en los seres humanos. ¿Hay alguna prueba científica que avale estas creencias? La mayoría de las investigaciones actuales sobre los efectos de la luna lo niegan, pero hay un par de estudios que han descubierto correlaciones interesantes.

Un estudio de 2013 publicado en la revista *Current Biology* demostraba que la luna llena afecta realmente al sueño. En él se explicaba que en las tres o cuatro noches anteriores o posteriores a la luna llena, los sujetos tardaban cinco minutos más en quedarse dormidos y dormían una media de veinte minutos menos. Además la actividad EEG relacionada con el sueño profundo disminuía en un 30 % y los niveles de melatonina, la hormona del sueño, eran más bajos.[10]

Gran parte de todo esto es una magnífica noticia para los sueños lúcidos, porque el hecho de que nos durmamos más despacio, flotemos más tiempo en el estado hipnagógico y permanezcamos menos en el sueño profundo puede significar mayor acceso a los períodos REM. Si juntamos estos descubrimientos con la idea budista de una mejor práctica espiritual en días de plenilunio, entenderemos que programar una noche de sueños lúcidos en luna llena es una gran idea.

**Extraño pero cierto**

Aunque no hay ninguna prueba científica que certifique la proverbial creencia de que los cambios de luna puede afectar notablemente a los problemas de salud mental, un estudio citado en la revista *Time* concluía que existe una relación entre la luna llena y la electroquímica del cerebro de los pacientes de epilepsia: en esta fase lunar esta condición cerebral cambia y son más probables los ataques epilépticos.[11]

Pero dejemos la luna y veamos de nuevo cómo alumbrarnos por la noche con nuestra última caja de herramientas.

## CAJA DE HERRAMIENTAS 6: YA HAS ALCANZADO LA LUCIDEZ

Ya disponemos de cinco cajas de herramientas llenas de técnicas que nos ayudan a tener sueños lúcidos, así que ahora vamos a pensar *qué* podemos hacer cuando los tengamos. Una vez que estés en un sueño lúcido puedes hacer casi todo lo que quieras (es decir, siempre y cuando el inconsciente convenga en hacerlo), pero no pensemos en acostarnos con estrellas del cine ni en volar, sino dediquemos un momento a programar una experiencia de sueño lúcido que nos reporte mejores beneficios.

### LA PLANIFICACIÓN DEL SUEÑO LÚCIDO

Planificar un sueño lúcido es en sí mismo una técnica, porque cuando nos proponemos firmemente hacer algo en el siguiente sueño lúcido que tengamos, empezamos a atraer las causas y las condiciones para que ese sueño se produzca y, además, creamos la expectativa de alcanzar la lucidez.

En mis talleres enseño tres principales fases de la planificación del sueño lúcido: redactar un plan del sueño, dibujar un plan del sueño (es útil porque la mente soñante trabaja con imágenes) y formular un *sankalpa* (palabra sánscrita que significa «voluntad o propósito») o una declaración de intenciones. Pero antes de ocuparnos de estos temas, permíteme que repase mi propio diario para contarte algunas cosas que he hecho recientemente con mis sueños y que te pueden inspirar en tu planificación de los sueños:

- Una vez dentro del sueño, convocar a mi niño interior y cuando aparece, abrazarlo y decirle que lo quiero.
- Teñir de rojo todo lo que aparezca en el sueño, para tener lo que en inglés se conoce como «sueño rojo», es decir, el sueño en que se es consciente de los propios sentimientos. En la tradición tolteca-mexica de los sueños, tener un sueño en rojo es una experiencia de curación o renacimiento, porque la luz roja es la que llega al feto a través de la piel de la madre.
- Meditar dentro del sueño y mostrarme en el cielo un enorme Buda Amithaba (el Buda de la luz infinita), mientras recito una plegaria *amithaba*.

- Analizar cómo, una vez en el sueño lúcido, puedo transformar la percepción del tiempo, frenando y acelerando intencionadamente y a voluntad determinadas partes del paisaje onírico.
- Declarar: «Soy feliz, estoy sano y me siento útil en todos los sentidos posibles. Soy feliz, estoy sano y me siento útil todos los días» y repetirlo en el sueño lúcido.
- Preguntarle al sueño lúcido: «¿Cuál es la esencia de la bondad y la compasión?» para después ser arrastrado del sueño hasta un vacío infinito en el que se me dice que «el universo ama siempre a todos los seres, y tú eres amado por el universo. Esta es la esencia de la bondad».
- Curar mi miopía con una intervención física dentro del sueño lúcido y diciendo: «Los músculos de mis ojos no tienen ningún problema. Mis ojos están curados».

Puedes probar cualquiera de estos planes del sueño o, mejor aún, crear tus propios planes. Déjame que te diga cómo.

## CINCO PASOS PARA PLANIFICAR EL SUEÑO LÚCIDO

1. Esboza algunas ideas sobre lo que te gustaría hacer en el próximo sueño lúcido. ¿Qué desearías

preguntar? ¿Qué actividad querrías realizar? ¿Con qué parte de tu psique te gustaría interactuar?

2. Una vez que hayas decidido lo que quieres hacer, comienza a formular el plan del sueño. Empieza por: «En mi próximo sueño lúcido...» y a continuación describe lo que quieras hacer cuando estés en él.
3. Después haz un pequeño dibujo de la aplicación de tu plan. En este trabajo, yo utilizo muñecos de palitos y bocadillos de los que se usan en los cómics, pero si se te da bien dibujar puedes hacer algo mejor.
4. Ahora escribe tu *sankalpa* o declaración de intenciones. Debe ser una declaración corta que resuma la esencia de tu plan del sueño. Por ejemplo, si el plan es una explicación compleja de que quieres conocer a tu niño interior y abrazarlo con todo cariño, podrías reducir así el *sankalpa*: «Niño interior, ven a mí». El plan del sueño puede ser tan extenso y detallado como quieras, pero mi consejo es que el *sankalpa* sea breve y preciso.
5. El último paso lo das cuando te encuentras en el sueño lúcido. Una vez en estado de lucidez, recuerda el plan del sueño, di en voz alta tu *sankalpa* y a continuación pon en práctica el plan que hayas decidido.

## EL DEPÓSITO DE LUCIDEZ

En cierta ocasión pregunté a mi maestro el lama Yeshe Rinpoche por qué a veces alcanzaba la lucidez sin que me supusiera ningún gran esfuerzo y otras era una auténtica batalla conseguirlo. Con su peculiar acento anglo-tibetano, contestó: «Para volar alto, los aviones deben llevar lleno el depósito de combustible. Lo mismo ocurre con los sueños lúcidos. Hemos de tener el depósito lleno».

Pero ¿un depósito lleno de qué? Un depósito lleno de lucidez.

Como soñadores lúcidos, nuestro trabajo consiste en determinar qué es lo que nos llena el depósito de lucidez y qué es lo que lo vacía. El nivel de este depósito no se mide por los niveles de energía física (aunque es verdad que acostarse excesivamente cansado puede dificultar el sueño lúcido) sino por los niveles de *chi*. *Chi* es una palabra china que significa «la fuerza de la vida», algo parecido a la idea de *prana* budista (aire inspirado o energía vital), y el nivel de energía *chi* suele ser el que determina la mayor o menor facilidad de alcanzar la lucidez en el sueño.

La mejor forma de subir los niveles de *chi* son los ejercicios que dan fuerza, como el *chi gong*, el yoga o algunas artes marciales basadas en la energía, pero también los podemos subir siendo creativos, estimulando la conciencia del cuerpo con el baile y el juego e incluso subiendo los niveles de oxitocina mediante la risa y con actos de bondad.

Todos tenemos nuestra forma particular de llenar y vaciar el depósito de lucidez, por lo que lo primero que has de hacer es ser consciente de cómo funciona el tuyo. En mi caso, el baile, la meditación, el trabajo energético, la bondad y la risa son formas infalibles de aumentar mis niveles de lucidez, tanto durante el día como por la noche. He llegado incluso a dedicar diez minutos a ver vídeos de chistes en YouTube antes de acostarme, para llenar mi depósito de lucidez.

En cambio, me he dado cuenta de que leer correos del trabajo, ver programas insustanciales en la tele o leer en algún dispositivo electrónico antes de acostarme me vacía gota a gota todo el depósito de lucidez.

Vamos a ver, pues, qué es lo que llena *tu* depósito de lucidez.

## CINCO PASOS PARA LLENAR EL DEPÓSITO DE LUCIDEZ

1. Dibuja esquemáticamente tu depósito de lucidez en un papel. Puede tener la forma que quieras, pero el mío se parece a un barril de petróleo o un depósito de combustible.
2. Piensa en qué hace que te sientas más consciente, con más fuerza o más lúcido cuando estás despierto.

3. *Dentro* del depósito, escribe o dibuja todo lo que te suba los niveles de lucidez.
4. Ahora piensa en qué te hace sentir *menos* lúcido, menos consciente y con menos energía. A continuación, *fuera* del depósito, escribe todo lo que te baja los niveles de lucidez. Si quieres, añade pequeñas flechas que salen de eso que has dibujado, perforan el depósito y vacían toda la energía *chi*. Sé creativo; no tengas miedo a equivocarte.
5. Por último, promete acumular más cosas de las que te llenan el depósito de lucidez, y menos de las que lo vacían. Guarda el dibujo junto a la cama o en el diario de los sueños, como recordatorio de la práctica.

## MEJORAR LA PRÁCTICA DEL SUEÑO LÚCIDO

Quiero terminar la última caja de herramientas considerando adónde nos puede llevar la práctica a partir de este punto: cómo podemos mejorar la formación en lucidez y qué más podemos hacer para desarrollar nuestras habilidades.

### Aprende a meditar

Muchas técnicas de sueño lúcido dependen de tener controlada la mente y mantener la conciencia, por lo que, si deseas practicar en serio los sueños lúcidos, es razonable que aprendas a meditar. Si quieres desarrollar una práctica estable del sueño lúcido, te aconsejo en particular la meditación *mindfulness*, una meditación que pueden practicar personas de todas las creencias y se basa en el simple deseo de «saber qué sucede y cómo sucede, sin juicios ni preferencias».

El sueño lúcido no es lo mismo que la meditación *mindfulness*. Pero esta meditación, en la que somos plenamente conscientes (sabemos que estamos soñando mientras soñamos, preferiblemente sin juicio alguno), es la práctica perfecta para el soñador lúcido. Para cursos en Reino Unido y el resto de Europa, te recomiendo la Mindfulness Association (www.mindfulnessassociation.net); para Estados Unidos, puedes consultar la organización de Jon Kabat-Zinn en www.umassmed.edu/cfm.

## Duerme la siesta

La siesta es una de las costumbres más provechosas para la salud psicológica y fisiológica. Te carga el cuerpo de energía, y cualquier cosa que hagas después de una siesta la realizarás con mayor facilidad y creatividad. También es ideal para los sueños lúcidos. En la siesta de la tarde, solemos entrar directamente en la fase REM del sueño y permanecer en él durante la mayor parte del tiempo, sin entrar mucho en el sueño profundo de ondas delta, lo cual significa que tenemos acceso directo al estado de los sueños. Para obtener los mejores beneficios, duerme entre veinte y sesenta minutos.

## Sigue aprendiendo

Este es un libro de iniciación que solo sienta las bases de tu formación en los sueños lúcidos, pero hay muchísimas más técnicas que puedes explorar y miles de libros que te ayudarán a aprender más, así que sigue leyendo. El de Robert Waggoner *Lucid Dreaming: Gateway to the Inner Self* es el que yo prefiero, y luego, evidentemente, está mi libro *Dreams of Awakening*, para los que estéis interesados en el sendero espiritual para la formación en los sueños lúcidos.

## Explora el estado hipnopómpico

Como entusiasta del estado hipnopómpico, siento no disponer de espacio en este libro para explorar este increíble estado de conciencia, pero deja al menos que siembre la semilla. Como ya he dicho antes, el estado hipnopómpico es el de transición de la mente entre el sueño y la vigilia completa. Es el estado que experimentamos justo antes de que la mente despierte completamente del sueño mientras los ojos suelen seguir cerrados.

Se caracteriza por una suave claridad mental, así que tal vez quieras vagar por este estado si puedes, descansando en uno de los grados de conciencia más exquisitos. Para ello, despiértate despacio y progresivamente sin abrir los ojos o pulsa el botón de repetición de alarma del despertador y sigue descansando otros diez minutos en la completa conciencia panorámica que caracteriza al estado hipnopómpico.

El estado hipnopómpico puede ser también un magnífico punto de acceso al estado de sueño lúcido, para deslizarte de nuevo en los sueños por la puerta trasera. Es la técnica que más le gusta a mi prometida, Jade. Todas las mañanas, mientras yo voy y vengo por el dormitorio y el cuarto de aseo, ella descansa en el estado hipnopómpico. En un momento de calma entre mi ruidosa actividad, es capaz de regresar al sueño con plena lucidez. Inténtalo.

### Hazte un plan

Del mismo modo que elaboras un programa de entrenamiento físico, procura hacer lo mismo para el entrenamiento de la lucidez. Hay que escribir en el diario de los sueños y aplicar la técnica de lo raro todos los días, pero a la mayoría de las personas no les resulta práctico despertarse y volver a la cama todas las mañanas ni poner tres alarmas para despertarse varias veces cada noche.

Lo mejor que puedes hacer es programar al menos una noche a la semana para el entrenamiento en los sueños lúcidos, preferiblemente cuando no tengas que levantarte muy pronto al día siguiente. Decide las técnicas que vas a practicar y cuándo las vas a practicar, y luego cíñete con disciplina al programa.

### Diviértete

El plan y la disciplina son magníficos, pero la mejor forma de *dejar* de tener sueños lúcidos es ser excesivamente estricto con la práctica. A algunas personas les preocupa tanto tener o no tener sueños lúcidos que pensar en ellos les impide incluso dormir. Debes estar seguro de que aplicas bien las técnicas, por supuesto, pero al mismo tiempo has de intentar ser flexible. Y no te olvides de pasarlo bien.

## LISTA DE COMPROBACIÓN DE CHARLIE ✍

- Planifica lo que quieras hacer en el sueño lúcido. Puedes elaborar más de un plan y después decidir cuál aplicas. Recuerda que, una vez en el sueño lúcido, la capacidad de dirigir el sueño depende tanto de la convicción de que todo es posible como del grado de confianza que tengas con la mente inconsciente, así que recuerda que los planes de sueño son tan alcanzables como creas que lo puedan ser.
- Sé consciente de lo que te llena y vacía el depósito de lucidez. No siempre será lo mismo, por lo que nunca debes dejar de analizarlo.
- Procura no desanimarte si no empiezas a tener sueños lúcidos enseguida. Algunas personas los tienen al cabo de pocos días de probar las técnicas, pero otras muchas tardan semanas en empezar a ver resultados y meses en lograr una estabilidad en su práctica. Soñar con lucidez no es fácil, como no lo es nada que merezca la pena aprender. Sigue, pues, con tu empeño.

- No pienses que al terminar este libro concluye el viaje. Sigue aprendiendo, sigue explorando y sigue avanzando hacia la lucidez.

# 8

# LA CURACIÓN, SOÑAR CON LOS MUERTOS Y LA VIDA LÚCIDA

Hemos llegado al último capítulo, y creo que estamos en condiciones de sumergirnos más aún en los mares de todo lo maravilloso y extraño que rodea a los sueños lúcidos. Pero empecemos por mojar el pie en su increíble pero muy real potencial de curación.

Antes veíamos que podemos utilizar los sueños lúcidos para ocuparnos de los horribles traumas mentales. Veamos ahora cómo los podemos usar para tratar también el trauma *físico*. Es posible aprovechar la «completa visualización» del estado de sueño lúcido para curar la mente, así que estudiemos ahora cómo la podemos emplear para curar el cuerpo. Son cada vez más las pruebas (científicas y circunstanciales) que apuntan a que en estado de lucidez podemos generar respuestas de curación física mientras dormimos.

## SUEÑO LÚCIDO Y CURACIÓN

Diversos tipos de curación visualizada en estado de vigilia han ayudado a miles de personas a recuperarse de sus dolencias. Uno de estos métodos consiste en que el paciente imagine que su sistema inmunitario se manifiesta como una luz de colores capaz de curarle las células enfermas.

Un estudio publicado en 2008 en el *Journal of the Society of Integrative Oncology* demostraba que este tipo de curación visualizada puede contribuir a reducir el riesgo de recurrencia del cáncer de mama. Otros diversos estudios demuestran que la curación visualizada puede ayudar a disminuir el estrés, mejorar la eficacia del sistema inmunitario y aliviar el dolor en muchos pacientes.[1] Sin embargo, muchas de estas técnicas son limitadas, porque dependen de la capacidad de visualizar, una capacidad distinta en cada persona.

El sueño lúcido resuelve este problema, porque es la visualización más vívida y completa que podamos experimentar. Esto significa que los métodos de curación visualizada pueden ser muchísimo más efectivos en el sueño lúcido que en estado de vigilia. Los maestros del budismo tibetano convienen también en la idea de que el sueño lúcido «tiene muchísima más fuerza que la simple visualización en estado de vigilia».[2]

La reconocida investigadora de los sueños Jayne Gackenbach, de la Universidad de Virginia, cita ejemplos de curación en estado de sueño lúcido, desde la adicción a la nicotina y la urticaria hasta la pérdida de peso. En el libro de Robert Waggoner *Lucid Dreaming: Gateway to the Inner Self* se aportan numerosísimas pruebas del potencial curativo de los sueños lúcidos, y Sergio Magaña, el maestro tolteca-mexica, ha visto cómo sus alumnos se curaban de enfermedades de la tiroides y de dolencias nerviosas a través de este tipo de sueños.

Yo he resuelto muchos problemas mediante los sueños lúcidos, desde patrones de comportamiento adictivo hasta infecciones del oído, y hace poco he conseguido tratarme la miopía con medios similares. Llevo ya más de nueve meses sin necesidad de ponerme las gafas.

¿Cómo nos curamos, pues, en estado de lucidez? Si, por ejemplo, quieres resolver algún problema de oído, puedes aplicar la curación activa en el sueño lúcido (lo habitual es que es ese momento salga de tus manos una luz blanca) y hacer declaraciones de curación como: «El oído se ha curado, el sistema inmunitario funciona mejor».

Si quieres curar a otra persona, sencillamente puedes hacer declaraciones de intenciones curativas para esa persona –«¡Que Diana esté bien y contenta!»– o incluso requerir una proyección de ella en el sueño y después aplicarle la curación activa.

Hay alguien que cree más que nadie en el poder curativo del sueño lúcido, en parte porque lo ayudó a curarse de una enfermedad renal.

## Estudio de caso: curación de una afección renal

**Soñador:** *Bruno, Argentina*
**Edad:** *32 años*

**Declaración de Bruno:** *A finales de 2011, los médicos descubrieron que padecía un trastorno llamado fallo renal crónico. Tenían que trasplantarme un riñón; de lo contrario, me quedaban muy pocos años de vida. La enfermedad hizo que empezara a meditar, y en ese proceso descubrí el sueño lúcido. No puedo asegurar que fuera únicamente ese particular sueño lúcido el que cambió el deterioro de mis riñones, pero sí que desempeñó un papel importante en ese cambio. Creo que la curación se debió también a las muchas percepciones que obtuve a través de la meditación –debía cambiar la idea que tenía de los riñones– pero después esas meditaciones me llevaron al sueño lúcido, de modo que imagino que todo está relacionado. Cuando empecé a practicar el sueño lúcido, apreciar que el yo no era tan real como pensaba me ayudaba mucho, y así me di cuenta de que la historia del yo y de mi enfermedad también era irreal. Soltar la historia del «pobre de mí» me ayudó a restarle poder a la enfermedad.*

**Su explicación del sueño:** *Fue un sueño más bien corto. Iba andando por un viejo vestíbulo de mármol* *cuando de repente alcancé la lucidez. Sentí que algo me golpeaba por la espalda y caí al suelo. Enseguida recordé mi plan del sueño: la curación de mis riñones. Cuando estuve lúcido, me puse las dos manos a la espalda, sobre los riñones, y empecé a irradiar energía hacia ellos. Luego sentí lo que parecía una corriente eléctrica que salía de las manos y llegaba a la espalda y los riñones. Era como un cosquilleo. Duró unos diez segundos. Y ahí me desperté.*

**La vida después del sueño:** *Todo el proceso no duró más de un año, pero puedo asegurar que después de aquel sueño lúcido mis riñones dejaron de deteriorarse y el nivel de creatinina se mantuvo en torno a 6,5 unos nueve meses, un nivel estable.*
*Después de aquel sueño también tuve una percepción: me di cuenta de que no tengo que pedirles a los riñones que se curen, sino darles las gracias por lo bien que han funcionado hasta ahora. Así que comencé a enviarles la energía del «gracias por hacer que siga vivo todo este tiempo», y no «por favor, curaos».*
*Creo que fue la suma de todo esto lo que hizo que los riñones dejaran de empeorar: todo empezó con la reconciliación con mis riñones y mi situación, pero el sueño lúcido fue el último paso, el paso vital.*

La experiencia de Bruno es reveladora, no solo porque es un claro ejemplo de curación mediante el sueño lúcido, sino también porque comprendió que este solo era una parte del proceso y que otra perspectiva de «vivir con lucidez», al que la meditación y el sueño lúcido lo llevaron, desempeñó también un papel vital en el proceso de curación.

Hasta hoy solo hemos arañado la superficie de todo el potencial de curación de los sueños lúcidos, pero creo que, con los estudios futuros y la progresiva popularidad del tema, es posible que dentro de pocos años podamos aplicarlo a una variedad de tratamientos mucho más amplia y tal vez usarlo como parte del plan de batalla contra algunas de las afecciones más graves.

## EL OTRO 1%

¿Recuerdas el mar de rarezas en el que te prometí que nos sumergiríamos? Una de las olas más extrañas de este mar intrigante es algo que me gusta llamar «el otro 1 %». No me refiero a la élite del 1 % de la sociedad, sino a ese 1 % de tu sueño que puede estar compuesto perfectamente de algo que no procede de ti.

Estoy completamente convencido de que la inmensa mayoría de todo lo que ocurre en los sueños lúcidos es una proyección de nuestra propia mente. Una idea reduccionista de tal realidad sería que, dado que hoy los científicos pueden observar la actividad cerebral y, con ello, decirnos en qué soñamos[3] (sí, es verdad y, para más información, puedes consultar las referencias), el cerebro interviene en la creación de los sueños, lo cual quiere decir que estos, y también los sueños lúcidos, son al menos en cierta parte producto del cerebro.

Creo que el cerebro es mucho más el receptor de la conciencia que su creador, pero estoy seguro de que los sueños son predominantemente producto de nuestra psique particular. Sin embargo, hay una parte pequeña pero decisiva de la experiencia del sueño lúcido –quizás un 1 %, tal vez más en torno al 10 % para quienes sepan cómo invitarla– que parece provenir de algo que está más allá del discurrir de la mente.

## ¿De qué se compone este 1 %?

Por las muchas explicaciones de sueños que he oído, por las fuentes del budismo tibetano y por mis propias investigaciones, parece que el 1 % está compuesto principalmente de arquetipos universales del inconsciente colectivo y de la mente universal que lo trasciende.

Además de esto, también es posible que el 1 % esté compuesto de energía o, al menos, de la impronta energética de familiares fallecidos con quienes tenemos una fuerte conexión. Ya sé que parece muy fantástico, pero haz una verificación de la realidad y ten paciencia conmigo.

La gran mayoría de los familiares muertos con quienes nos encontramos en los sueños no son más que proyecciones de nuestra mente basadas en los recuerdos, pero no ocurre así en la totalidad de los casos.

Rob Nairn, maestro de meditación budista, especulaba en cierta ocasión con que nuestros antepasados dejan «un sudario de patrones habituales que sobreviven a la muerte», el eco de su energía con el que a veces nos podemos comunicar después de que hayan muerto. La comunicación con la resonancia energética de un pariente fallecido puede ser difícil en el rígido estado de vigilia, pero si somos capaces de entrar en el espacio mental más refinado y flexible del sueño lúcido, todo puede ser mucho más fácil.

De hecho, parece que cuando estamos inmersos en un sueño lúcido, en algunas ocasiones podemos convertirnos en una especie de «luz en la oscuridad» que puede atraer a algún familiar fallecido recientemente que se afana en comprender su experiencia póstuma. Si entras en contacto con uno de estos familiares en un sueño lúcido, es tan importante que le confirmes que está muerto como que le digas que lo quieres. Mientras no consiga aceptar que ya no forma parte de los vivos, es posible que no sepa avanzar debidamente por el proceso posterior a la muerte. Y si la persona con quien te encuentres en el sueño lúcido solo es una proyección de tu propia mente, sigue siendo importante que digas todo eso, para facilitar que tu propia mente se libere de la aflicción y el apego.

Otro aspecto un poco menos aterrador del 1 % es el que está compuesto de personas espiritualmente despiertas.

Parece que un efecto secundario de la iluminación espiritual plena es la capacidad de entrar en los sueños de los demás. Pero ¿y nosotros? ¿Es posible que personas corrientes y «no iluminadas plenamente» entren también en tus sueños? Sí, pero solo si has manifestado tu intención de dejarles que lo hagan. La mente soñante lúcida está muy codificada, en mi opinión mucho más que la mente despierta, así que no te preocupes por que entren entes negativos, porque carecen de la energía iluminada necesaria para poder entrar en el sueño de otra persona sin su conocimiento.

### ¿Cómo reconoceré ese 1 % cuando lo vea?

No tendrás que preguntar. Si experimentas un aspecto del 1 % mientras estés lúcido, lo sabrás. Son cosas que parecen completamente distintas de todo lo demás del sueño, y su presencia es manifiestamente diferente del resto de los personajes del sueño.

Si de repente apareciera ante ti un holograma, por muy realista que fuera su aspecto sabrías decir que es un holograma, ¿verdad? Porque su energía es manifiestamente distinta de la de un ser vivo. Lo mismo ocurre con el 1 % de tus sueños lúcidos.

Tuve mi primera experiencia del 1 % después de un período de desorientados intentos de someter a mi inconsciente. Cuando empecé a enseñar a soñar con lucidez, me sentía muy inseguro. Solo tenía veinticinco años y se me antojaba que todo iba más deprisa de lo que había planeado. Para compensar esta falta de control comencé a dirigir cuanto podía mis sueños lúcidos.

Uno de mis trucos favoritos era gritar «*¡stop!*» y ver cómo todo el sueño lúcido se detenía ante mí, al estilo *Matrix*. A continuación me paseaba entre los personajes paralizados en su sitio y contemplaba las aves oníricas detenidas en el cielo. Sentía que con ello sometía al inconsciente a una gran tensión, pero seguía.

Una noche me encontraba en pleno sueño lúcido, a punto de gritar «*¡stop!*», cuando apareció de la nada una mujer tibetana que me dio una suave palmadita en el hombro. Era completamente distinta de todo lo que antes había conocido en estado de sueño lúcido. Me miró y dijo: «Deja de controlar tus sueños. A nosotros no nos gusta». En ese momento fui yo quien se quedó paralizado. Profundamente impresionado, me pregunté: «¿Y quiénes son *nosotros*?».

Parece que la mujer tibetana que entró en mi sueño lúcido pudo haber sido parte de ese 1 %: un arquetipo universal (el de la mujer sabia) del inconsciente colectivo que tuvo la deferencia de venir a mostrarme el error de mi comportamiento. Sigo sin saber a quién se refería cuando hablaba de «nosotros».

Veamos ahora un ejemplo claro del 1 % y, también, de cómo se puede usar el sueño lúcido como instrumento de autorreflexión y actitud acrítica.

## Estudio de caso: dejar ir

**Soñadora:** *Millie, Reino Unido*
**Edad:** *32 años*

**Declaración de Millie:** *Mi padre murió cuando yo tenía doce años, y desde que aprendí a soñar con lucidez me preguntaba si era posible reunirme con él en un sueño lúcido. No podía dejar de pensar en lo maravilloso que sería conseguirlo ahora que ya soy mayor. Quería saber si mi padre conocía lo que pasaba en nuestras vidas y si lo aprobaba. Creo que su aprobación era especialmente importante para mí.*

**Su explicación del sueño:** *Tenía un sueño normal y empecé a volar. Volar es mi señal de sueño para hacer una verificación de la realidad. Me miré la mano y la giré. Tenía un aspecto muy divertido, así que supe que estaba teniendo un sueño lúcido.*
*En el cielo había una grieta y sabía que a través de ella se llegaba a una especie de nivel más profundo de sueño lúcido, tal vez incluso a la puerta de acceso a algo más. Era un espacio más luminoso que su entorno y sabía que debía cruzarlo. Y de repente,* ¡boom! *Irrumpí en ese nuevo espacio del sueño de luz radiante y muchos colores.*
*Supe enseguida que era el momento de pedir ver a mi padre. Y él fue lo siguiente que vi, allí de pie con*

*mi perro Pip, que también murió hace años. Estaban en el exterior del centro comunitario que había cerca de casa, pero todo tenía un aspecto diferente. Así que ahí estaba, mi padre. Pero no era como una proyección suya, ni como si él formara parte del sueño lúcido. Parecía que fuera mi padre de verdad. Al verlo nos abrazamos y todo parecía muy real.*

*Lo primero que dije fue: «¡Papá! Estás exactamente igual». Me sentía plenamente lúcida mientras íbamos andando, y le dije: «¿Sabes cómo nos va a todos, papá? ¿Nos ves?». «Sí, sé todo lo que hacéis, y estoy muy orgulloso de vosotros», contestó sonriente.*

*No me atrevía a preguntarle qué le parecía que me dedicara al baile en barra (pole-dance). Creo que esa pudo haber sido realmente una de las principales razones de que quisiera verle. Cuando empecé a actuar de estríper siempre pensaba: «¿Qué le parecería todo esto a mi padre?». Tal vez en el fondo he estado buscando su aprobación y esa era la razón de aquel encuentro en mi sueño. Y no le importaba: sabía lo que hacía y seguía estando orgulloso de mí.*

*A continuación me llevó a una casa en la que me dijo que ahora vivía. Formaba parte de unos adosados reales que había cerca de nuestra casa. Entramos, y mi padre había puesto una mesa en el jardín para cenar los dos. Siempre le había encantado comer al aire libre. Había preparado paella, su plato favorito.*

*La lucidez seguía aún estable, estábamos sentados en el jardín comiendo y hablando de la vida cuando el cielo empezó a nublarse, la luz cambió y supe que el sueño iba a concluir. Me sentí empujada de nuevo a la realidad y, antes de salir del sueño y despertarme en la cama, grité: «¡Adiós, papá!».*

**La vida después del sueño:** *Cuando pienso en lo sucedido, y en lo maravilloso que fue estar de nuevo con mi padre, estoy segura de que reunirme con él en el sueño lúcido fue una forma de conseguir su aprobación del modo de vida que yo había escogido. Ya sé que es una vida que ningún padre quisiera para su hija, pero en el sueño parecía que mi padre lo aceptaba y no lo censuraba de ningún modo. Pese a todo, me quería.*
*En todo caso, con el baile en barra llegó la fotografía, así que, al final, todo fue para bien. Pero fue agradable que no hubiera ningún tipo de juicio, y sé que mi padre me quiere, cualquiera que sea mi profesión.*

El sueño de Millie no solo es un emotivo ejemplo de interacción con el 1 %, sino también de curación con el sueño lúcido, porque gracias a él pudo liberarse de cualquier duda y juicio y hacer las paces consigo misma. Además, su padre tenía razón para estar orgulloso de su hija, porque hoy es uno de los mejores fotógrafos de baile en barra. Para ver su trabajo, puedes visitar www.millierobson.com.

## ENTABLAR AMISTAD CON EL SUEÑO

Como veíamos en el capítulo uno, en el sueño lúcido se trata de hacer amigos. No es cuestión de manipular el inconsciente ni de controlar los sueños, sino de entablar amistad con el inconsciente y tenderle la mano al soñador que llevamos dentro. La mayor parte de nuestro potencial se almacena en la mente inconsciente, y si queremos hacernos amigos del inconsciente no solo hemos de adentrarnos en una fuerza aún desaprovechada, como decía antes, sino también conseguir un aliado que nos ayude.

Carl Jung pensaba que la mente inconsciente se podía sentir como una presencia viva, una manifestación religiosa o mágica, una compañera constante,[4] y que la cumbre de la plenitud psicológica era aprender a relacionarse con el inconsciente, a conocerlo y a entablar amistad con él. ¿Y cuál es la mejor manera de hacerlo? Jung no tenía ninguna duda: explorando nuestros sueños.

Si al trabajar con los sueños lo haces motivado por la idea de que cada vez que escribes un sueño, cada vez que alcanzas la lucidez en un sueño, incluso cada vez que *intentas* llegar a la lucidez en un sueño, envías un mensaje inequívoco a tu mente inconsciente: «Quiero conocerte. Me interesa lo que dices. Quiero que seamos amigos».

No es casualidad que las personas empiecen a sentirse más creativas, con mayor fuerza y más plenas cuando comienzan a trabajar con sus sueños. Son efectos secundarios de la amistad con el generador de energía psíquica que «tú» compartes con tu mente.

Esta actitud de amistad hacia los sueños nocturnos se puede ampliar para incluir el sueño compartido de la vida en vigilia. Si nos abrimos a la curiosidad y el interés por el sueño que es la vida y nos hacemos amigos de él, podemos encontrarnos con que responde del mismo modo que lo hace el inconsciente: el sueño se hace más intenso, más perceptivo y más lúcido.

## LA LUCIDEZ EN EL GRAN SUEÑO

Uno de los conceptos que analizo en profundidad en *Dreams of Awakening* es el de «vida lúcida»: el estado de lucidez en el gran sueño, el sueño compartido de la vida en estado de vigilia. No creo que una guía para principiantes como esta sea el lugar idóneo para tratarlo de forma exhaustiva, pero al acercarnos al final de este libro, el tema adquiere especial importancia.

¿Qué es, pues, la vida lúcida? Una vez consolidada la práctica del sueño lúcido, vamos a aprender un hábito nuevo de reconocimiento y de «ver a través de la ilusión» que nos puede ayudar a ser conscientes no solo en las proyecciones de los sueños, sino también en las proyecciones cuando estamos despiertos. Así es como comenzamos a vivir con lucidez, porque empezamos a reconocer nuestras proyecciones psicológicas del mismo modo que reconocemos nuestros sueños.

Carl Jung pensaba que la mayoría de los problemas que nos acechan se deben a que no somos conscientes de nuestras proyecciones psicológicas. La proyección se ha definido como «un mecanismo psicológico de defensa con el que inconscientemente proyectamos en los demás nuestras propias cualidades inaceptables». Pero ¿cómo funciona? Al ignorar que estamos proyectando nuestra culpa en los demás, provocamos un sufrimiento innecesario, a nosotros y a quienes nos rodean.

Al desconocer que proyectamos en nosotros las expectativas de los demás, nos afanamos en complacerlos y nos hacemos daño. De modo que si existiera una práctica que pudiera ayudarnos directamente a reconocer las proyecciones y verlas tal como realmente son, ¿no merecería la pena aprenderla? Pues bien, esta práctica es el sueño lúcido y tu aprendizaje acaba de empezar.

El desaparecido lama tibetano Traleg Rinpoche decía que «reconocer que estás soñando mientras sueñas es un gran paso adelante en tu práctica, porque puedes utilizar la misma técnica en la vida diaria. Esta es la principal enseñanza del yoga del sueño: aprender a reacondicionar la mente de esta forma. Si lo hacemos mediante la práctica del yoga del sueño, nos sentiremos estimulados para ser más espontáneos [...] más creativos, más positivos».[5]

A los dieciséis años no entraba en el sueño lúcido para ser más consciente, sino para pasarlo bien. Pero después de un par de años de jugar en el patio de mi mente, empecé a ver el mundo de manera un tanto distinta. No podía olvidar las experiencias de mis sueños lúcidos y, aunque los utilizaba principalmente para el sexo y para patinar con mi tabla, iba percatándome de que patinaba alrededor de mi mente e iba entrando en el propio tejido de mi conciencia mientras dormía.

¿Y si pudiera acceder también al tejido de la realidad en estado de vigilia? ¿Podría encontrar la manera de llevar la fuerza manifestativa del estado de sueño lúcido al de vigilia? Comenzaron a planteárseme preguntas como estas una y otra vez. Aquella inquietud se intensificó cuando, a los diecinueve años, empecé a considerar el budismo tibetano y sus ideas sobre la naturaleza onírica de la realidad.

Y así se abrió un nuevo capítulo de mi formación en los sueños lúcidos, una etapa que al final me llevó a entregarme a un proyecto continuo de despertar, salir del autoengaño y buscar la forma de ir más allá de las evidentes limitaciones de la vida. Porque cuando aprendemos a despertar en los sueños, comenzamos a despertar en la vida.

Fui testigo de cómo una mujer entraba en la experiencia del sueño lúcido. Ester era brasileña, cantante de *jazz*, y me habló de un sueño lúcido. Cuando leí su narración, se me saltaron las lágrimas y tuve la certeza de que aquella soñadora había cambiado para siempre y había entrado en una vida lúcida de alta vibración que parecía haberla afectado en los niveles más profundos.

## Estudio de caso: el miedo a la muerte, y la vida lúcida

**Soñadora:** *Ester, Brasil*
**Edad:** *31 años*

**La declaración de Ester:** *Pedía al Espíritu Santo, a la energía superior, o como se quiera llamarlo, consejo sobre qué experimentar en mi próximo sueño lúcido. Pedía todo lo que pudiera ayudarme en mi camino espiritual. Pero nunca pude imaginar lo que pasó.*

**Su explicación del sueño:** *Esa misma noche empecé a soñar de forma recurrente que iba a morir, pero siempre que llegaba ese momento alcanzaba la lucidez y me despertaba o cambiaba el sueño. No quería morir –sabía que era un sueño, pero parecía tan real que me asustaba la muerte–. Tuve esos sueños tres noches, siempre acosada por la muerte y siempre alcanzando la lucidez y cambiando de sueño.*
*Luego, una noche, mientras estaba meditando, me di cuenta de algo. El Espíritu Santo quería que muriera en un sueño lúcido porque le pedí que me mostrara*

*algo que me ayudara en mi camino espiritual. Así que antes de acostarme esa noche le dije al universo que estaba preparada para ello.*

*Y fue aquella noche cuando ocurrió. Soñaba que iba en coche con un tipo que quería hacerme daño. Bajamos del coche y me asesinó. Pero mientras estaba agonizando empecé a sentir un gran amor por él y vi cómo se acercaba esa luz hermosa y fascinante. Brillaba más que el sol y de repente mi cuerpo desapareció en aquella luz, y me di cuenta de que la luz era todo lo que jamás había existido. La luz lo era todo.*

*Me convertí en la luz y sentía que la luz no dejaba de expandirse. Era infinita. No había ningún pensamiento, sentimiento ni sensación; había dejado de ser un cuerpo. No había separación, ninguna necesidad de ser algo más, ninguna necesidad del tiempo ni de la percepción.*

*La luz lo era todo y, a la vez, nada. Era una luz eterna, una luz que se extendía constantemente, en paz. Todo era luz y yo me había convertido en luz. No sé cuanto duró. Luego, súbitamente, parecía que asomaba imperceptible un mundo independiente de aquella luz, y vi cómo el mundo aparecía de nuevo, como un videojuego que se recargara. En un instante estuve despierta, en la cama, pero la luz seguía conmigo, llenando la habitación.*

**La vida después del sueño:** *¡Ay, Charlie! Desde aquel sueño estoy volando. Ahora sé que no puede haber nada fuera de Dios. Somos energía divina. Inseparables, todos uno. Es difícil expresarlo con palabras, pero hoy siento que esta vida es un sueño y que la experiencia de este cuerpo es un sueño. Somos parte de esa luz para siempre. Nunca salimos de casa. Siempre estamos a salvo.*
*Desde aquel sueño, ahora que sé que es verdad, me sorprende lo fácil que es olvidar todo lo que antes me afectaba. Vivo como si estuviera lúcida. Es muy fácil hablar con el universo, regresar a la naturaleza. El amor conserva toda su fuerza dentro de mí.*
*Hoy, cada momento de mi vida es como un sueño lúcido. Veo que nos despertamos juntos en el sueño. El sueño lúcido ha ensanchado mi mente y su llegada a mi vida me hace muy feliz. Los talleres me han abierto una puerta. He empezado a sentirme lúcida en la vida diaria, a ver la vida como una forma de energía, exactamente igual que mis sueños.*
*Hoy miro a la gente y me pregunto cómo es posible que tanta belleza pueda parecer tan limitada. El sueño lúcido realmente expande mi mente cuando estoy despierta. Y me alegro mucho de que así sea.*

Ester vivió un sueño lúcido de los que realmente cambian la vida, un sueño que ejemplifica cuán profundo puede ser el aprendizaje en los sueños lúcidos y cómo la expresión *no es más que un sueño* pierde todo sentido cuando alcanzamos la plena lucidez en los sueños y comulgamos con el potencial divino que habita en ellos.

Vivir con lucidez no significa perder el contacto con la realidad y pensar que la vida no importa porque todo es un sueño. Todo lo contrario: significa que conectamos de nuevo y plenamente con la experiencia compartida y de tintes oníricos de la vida en vigilia y empezamos a tratar con todas y cada una de las personas, criaturas y cosas con las que trataríamos en nuestros sueños lúcidos, con aceptación, bondad y cariño.

Hay un hombre que ha estudiado mucho más que otros esta idea de la vida lúcida y es autor de un libro sobre el tema y de más de treinta sobre filosofía agnóstica, las religiones del mundo y cómo estar despierto en la vida diaria. Es la personificación de sus propias enseñanzas.

## Consejos de un profesional: la vida lúcida, con Tim Freke

Cuando sueñas lúcidamente parece que eres un personaje de tu sueño, pero también eres consciente de que sueñas: sabes que eres la conciencia en cuyo interior surge el sueño.

La vida lúcida es algo parecido pero en estado de vigilia. Si quieres vivir con lucidez, sé consciente del personaje que parece que eres en el sueño de la vida y de la identidad más profunda como conciencia de la que nacen todas tus experiencias.

**Sé tu propio testigo**

Para ser consciente de tu identidad más profunda como conciencia, aleja la atención de las sensaciones e ideas que estás experimentando y ponla en el «Yo» de la conciencia, que es el testigo de este momento. Puede parecer difícil porque el «Yo testigo» no tiene forma ni color. No hace ruido. El «Yo» de la conciencia no se puede conocer como objeto de tu experiencia, porque es el sujeto de todo lo que experimentas. No se puede ver porque es la conciencia que experimenta la visión. No se puede oír porque es la conciencia que experimenta el oído. La conciencia no se puede conocer como *objeto* de tu experiencia, porque es el *sujeto* de todo lo que experimentas. Si quieres vivir lúcidamente, sé consciente de que eres la presencia informe de la conciencia que es testigo de todo lo que experimentas en este preciso momento.

**Observa que eres a la vez independiente y dependiente**

En el sueño parece que eres una persona independiente de todas las demás. Pero si sueñas con lucidez, verás que eres todas las manifestaciones de tu identidad más profunda como soñador. Desde esta perspectiva, formas una unidad con todos y todo lo que aparece en tu sueño.

Si quieres vivir lúcidamente, cuando estés despierto sé consciente de que también eres independiente y dependiente del resto del mundo. En el sueño de la vida parece que eres una persona independiente, pero como conciencia formas una unidad con todo lo que surge en el sueño de la vida.

A menudo se da por supuesto que con la experiencia de la unicidad desaparece la independencia, pero no es así. Como en el sueño lúcido, la unicidad y la independencia coexisten. Acepta la posibilidad de ser a la vez independiente y dependiente, y observa qué ocurre.

El filósofo Tim Freke es autor de *Lucid Living* [Vivir con lucidez] y dirige retiros experienciales en todo el mundo. Para más información, puedes visitar www.TheMysteryExperience.com.

# CONCLUSIÓN

Este libro es una guía para principiantes y, por esta razón, no me he ocupado de los aspectos más avanzados del sueño lúcido –relativos al sendero espiritual, la naturaleza de la realidad y las experiencias extracorporales– pero si quieres profundizar en el tema, puedes consultar mi libro *Dreams of Awakening*, que ofrece un viaje más exhaustivo y de mucho mayor alcance al sueño lúcido por el sendero espiritual.

Sin embargo, en esta guía de iniciación he sentado las bases de tu práctica, y ahora dispones de una caja con todas las herramientas y técnicas que necesitas para soñar con lucidez.

Nos pasamos durmiendo una tercera parte de la vida, y solo estamos despiertos las dos partes restantes, de modo que si el sueño lúcido no incide directamente en el tiempo que pasamos despiertos, tal vez no tenga tanta importancia. Pero la realidad es que *sí* nos cambia la vida, y soy testigo de que se la ha cambiado para bien a miles de personas. Piensa en los grandes cambios que ha propiciado en los casos que hemos visto: curarse de la adicción a la nicotina, decidir una nueva profesión, aceptar la sombra, curarse de una afección renal, evitar los juicios de valor y percatarse de un descubrimiento espiritual.

La característica definitoria de todas estas personas no era que estuvieran especialmente capacitadas para el sueño lúcido, sino que se abrieron a la posibilidad de que los sueños tuvieran mayor fuerza de la que jamás habían imaginado. Querían «ver más allá del pozo», como la rana de la caja de herramientas número dos.

Básicamente, entiendo el sueño lúcido como un laboratorio de autodesarrollo en el que practicamos los sueños para que nos ayuden a vivir con mayor lucidez. Lo que haces en los sueños lúcidos puede generar importantes cambios psicológicos que afecten notablemente a tu vida fuera del sueño.

Durante el último año, que he dedicado a escribir este libro, he tenido el privilegio de trabajar con personas que se sirven de los sueños lúcidos para realmente ensanchar los límites de la curación y el desarrollo psicológico. Un joven que oye voces en su cabeza los usa para reunirse de verdad con personificaciones de estas voces, integrarlas y entablar amistad con ellas, lo cual ha reducido significativamente la frecuencia en que aparecen y su tono negativo. Otro joven a quien un cáncer está abocando a la muerte los utiliza para prepararse para ese próximo desenlace. Un amigo mío tetrapléjico los emplea para hacer todo lo que su cuerpo ya no puede hacer: correr, nadar y practicar ciclismo de montaña. Un exsoldado que asistió a uno de mis retiros contó que en aquellos cuatro días de sueños lúcidos asimiló más elementos de su bagaje psicológico que en todos los años de terapia. Solo estamos arañando la superficie de lo que se puede conseguir a través de los sueños lúcidos.

En mis talleres siempre digo: «Los mayores beneficios del sueño lúcido no llegan mientras soñamos sino durante el día», cuando la psique incorpora a la mente despierta los cambios que llevas a cabo en el sueño. ¿Cómo funciona esto exactamente? Cada vez que vuelas por el cielo en un sueño lúcido creas un nuevo hábito mental que te permitirá volar más allá de tus limitaciones cuando estés despierto. Cada vez que traspasas una pared en un sueño lúcido implantas en tu psique una nueva posibilidad revolucionaria que dice: «No siempre es sólido todo lo que lo parece». Cada vez que integras y abrazas a tu sombra y tus demonios interiores en el sueño lúcido, creas nuevas perspectivas que te facilitarán enfrentarte a los «demonios» de la autoduda y el miedo en la vida cotidiana.

Y, sobre todo, los sueños lúcidos te ayudan a conocerte mejor, y este mejor conocimiento da como resultado que seas una persona más amable y valiosa. Además, al conocer tu propia psicología conoces la de los demás y, de este modo, estás mejor equipado para ayudarlos.

Pronto descubrimos que estamos unidos en este empeño, que somos soñadores en un mismo sueño y que todos intentamos hacer cuanto podemos, por defectuoso que pueda parecer. Así que entablemos amistad con los otros personajes del sueño y con el Gran Soñador: la Mente Universal que sueña en la realidad de este sueño común.

Tengo la esperanza de que la lectura de este libro, que solo ha expuesto lo más elemental del tema tan importante y sustancioso que son los sueños lúcidos, te haya ayudado también a «ver más allá del pozo» y ahora sepas apreciar toda la fuerza que pueden tener este tipo de sueños.

Sigue, pues, soñando, soñador, y sigue avanzando sin miedo hacia el océano, sabedor de que ha llegado el momento de salir de este pozo para ver la inmensidad oceánica de tu propio potencial. Sigue tus sueños, ellos conocen el camino...

# NOTAS

## Introducción

1. http://www.bbc.co.uk/news/health-11741350.

## Capítulo 1

1. http://www.ncbi.nlm.nih.gov/pmc/articles/PMC2737577/.
2. Max-Planck-Gesellschaft (27 de julio del 2012). Soñadores lúcidos ayudan a los científicos a localizar la sede de la metaconciencia en el cerebro.
3. DeYoung C. G., Hirsh J. B., Shane M. S., Papademetris X., Rajeevan N. y Gray J. R., «Testing predictions from personality neuroscience» (junio de 2010), *Psychological Science* 21(6), págs. 820-828, doi:10.1177/09567610370159. PMC 3049165. PMID 20435951.
4. http://www.ncbi.nlm.nih.gov/pmc/articles/PMC3707083/.
5. Rob Nairn, retiro de Navidad en el Tara Rokpa Centre, 2013.
6. LaBerge, S., «Lucid dreaming: Evidence and methodology» (2000), *Behavioral and Brain Sciences* 23 (6), págs. 962-963, doi:10.1017/S0140525X00574020.
7. http://www.nih.gov/news/health/oct2013/ninds-17.htm.

8. http://dreamstudies.org/2009/09/18/lucid-dreaming-hybridgamma-biurnal-beats/.
9. http://www.livescience.com/6521-video-gamers-control-dreams-study-suggests.html.
10. Lama Surya Das, *Dream Yoga*, audio de Sounds True.
11. Anthony Stevens, *Jung: A Very Short Introduction*, Oxford University Press, 2001, pág. 82.

**Capítulo 2**

1. http://www.sciencedaily.com/releases/2007/06/070614085118.htm.
2. Tholey, P. 1990.
3. Erlacher D. y Schredl M., «Cardiovascular Responses to Dreamed Physical Exercise During REM Lucid Dreaming», 2008.
4. Behncke L., «Mental Skills training for sports: a brief review», *Athletic Insight, The Online Journal of Sports Psychology*, marzo del 2004.
5. http://www.telegraph.co.uk/news/worldnews/northamerica/usa/1363146/Thinking-about-exercise-can-beef-up-biceps.html.
6. Tholey P. (1981).
7. Tholey P. (1990).
8. Erlacher D. Stumbrys. T., Universidad de Heildelberg, University of Berna y Schredl, M., Central Institute of Mental Health, Mannheim, «Frequency of lucid dreams and lucid dream practice in German athletes, imagination, cognitions and personality», 2011-2012, vol. 31(3), 237-246.
9. *New Scientist*, 21/28 de diciembre del 2013, edición del Reino Unido.
10. Michael Katz, *Tibetan Dream Yoga*, Bodhi Tree, 2011, pág. 31.

**Capítulo 3**

1. Rob Nairn, retiro de Navidad en el Tara Rokpa Centre, 2013.
2. Paul y Charla Devereux, *Lucid Dreaming: Accessing Your Inner Virtual Realities*, Daily Grail Publishing, 2011, pág. 13.
3. Jill Bolte Taylor, *My Stroke of Insight*, Hodder and Stoughton, 2008, pág. 30 (editado en castellano por Editorial Debate con el título *Un ataque de lucidez*, 2009).
4. Amit Goswami, conversación con el autor, 2008.

5. Paul y Charla Devereux, *Lucid Dreaming: Accessing Your Inner Virtual Realities*, Daily Grail Publishing, 2011, pág.115
6. Daniel Love, *Are you Dreaming?*, Enchanted Loom Publishing, 2013, pág. 2.

## Capítulo 4

1. David Richo, *Shadow Dance, Liberating the Power and Creativity of Your Dark Side*, Shambhala, 1999, pág.14. (Editado en castellano por Editorial Eephteria con el título *La danza de la sombra: libera el poder y la creatividad de tu lado oscuro*, 2011).
2. Cicchetti, J., «Archetypes and the Collective Unconscious», http://www.hahnemanninstituut.nl/admin/uploads/pdf/Archetypes.pdf.
3. Ibid.
4. http://psychology.about.com/od/personalitydevelopment/tp/archetypes.htm.
5. Paul y Charla Devereux, *Lucid Dreaming: Accessing Your Inner Virtual Realities*, Daily Grail Publishing, 2011, pág. 105.
6. Anthony Stevens, *Jung: A Very Short Introduction*, Oxford University Press, 2001, pág. 56.
7. Paul y Charla Devereux, *Lucid Dreaming: Accessing Your Inner Virtual Realities*, Daily Grail Publishing, 2011, pág. 92.
8. C. G. Jung, *The Archetypes and the Collective Unconscious* (*The Collected Works of C.G Jung,* vol 9. parte 1), Routledge and Kegan Paul, 1959.
9. Zadra A. L. y Pihl R. O., «Lucid dreaming as a treatment for recurrent nightmares», http://www.ncbi.nlm.nih.gov/pubmed/8996716.
10. http://www.ncbi.nlm.nih.gov/pubmed/8996716.
11. «Lucid dreaming treatment for nightmares: a pilot study», *Spoormaker VI1*, van den Bout J., 2006, http://www.ncbi.nlm.nih.gov/pubmed/17053341.
12. European Science Foundation, «New Links Between Lucid Dreaming And Psychosis Could Revive Dream Therapy In Psychiatry», *ScienceDaily*, 29 de julio de 2009, www.sciencedaily.com/releases/2009/07/090728184831.htm.
13. Paul y Charla Devereux, *Lucid Dreaming: Accessing Your Inner Virtual Realities*, Daily Grail Publishing, 2011, pág. 18.

14. Michael Katz, *Tibetan Dream Yoga*, Bodhi Tree, 2011, pág. 67, comentando el libro de Gyaltrul Rinpoche, *Ancient Wisdom*, Snow Lion Publications, 1993, pág. 80.
15. www.lucidity.com/luciddreamingFAQ2.html.
16. B. Alan Wallace, *Dreaming Yourself Awake: Lucid Dreaming and Tibetan Dream Yoga for Insight and Transformation*, Shambhala Publications, 2012, pág. 30.
17. www.lucidity.com/NL63.RU.Naps.html.

**Capítulo 5**

1. http://dreamstudies.org/history-of-lucid-dreaming-ancientindia-to-the-enlightenment/.
2. Paul y Charla Devereux, *Lucid Dreaming: Accessing Your Inner Virtual Realities*, Daily Grail Publishing, 2011, pág. 25.
3. Ibid., pág. 29.
4. Ibid., pág. 30.
5. Ibid., pág. 32.
6. Ibid., pág. 33.
7. http://dreamstudies.org/history-of-lucid-dreaming-ancientindia-to-the-enlightenment/.
8. Paul y Charla Devereux, *Lucid Dreaming: Accessing Your Inner Virtual Realities*, Daily Grail Publishing, 2011, pág. 36.
9. *New Scientist,* edición del Reino Unido, diciembre del 2013, pág. 22.
10. Richard Wiseman, *Nightschool*, 2014, pág. 22. (Editado en castellano por RBA Libros con el título *Escuela nocturna*, 2015).
11. Ibid., pág. 24.
12. Paul y Charla Devereux, *Lucid Dreaming: Accessing Your Inner Virtual Realities*, Daily Grail Publishing, 2011, pág. 71.
13. Ibid., pág. 76.

**Capítulo 6**

1. http://www.bbc.co.uk/religion/religions/islam/subdivisions/sufism_1.shtml.
2. Paul y Charla Devereux, *Lucid Dreaming: Accessing Your Inner Virtual Realities*, Daily Grail Publishing, 2011, pág. 61.
3. Ibid., pág. 31.
4. Ibid., pág. 32.

5. http://www.islamicacademy.org/html/Dua/How_to_do_Istakhara.htm.

**Capítulo 7**

1. «Effects of pyridoxine on dreaming: a preliminary study», Ebben M, Lequerica A, Spielman A., http://www.ncbi.nlm.nih.gov/pubmed/11883552.
2. Ibid.
3. Una de mis recetas consiste en un 60 % de harina de semillas de cáñamo, un 10 % de harina de agropiro, un 10 % de harina de cacao, un 10 % de harina de maca, un 10 % de harina de espirulina y un buen pellizco de ácido fumárico. Aporta mucha vitamina B, aminoácidos, magnesio y zinc, todo lo que el cuerpo necesita para permanecer lúcido. Mézclalo con agua o zumo y tómate un buen vaso por la mañana para estar lúcido todo el día, o al acostarte para estarlo por la noche.
4. http://www.medicalnewstoday.com/releases/163169.php.
5. http://www.iofbonehealth.org/calcium-rich-foods.
6. http://www.huffingtonpost.co.uk/marek-doyle/help-me-sleepmagnesium-secret-to-sleep-problems_b_3311795.html.
7. http://www.telegraph.co.uk/health/elderhealth/9979776/Shakespeare-was-right-rosemary-oil-boosts-memory.html.
8. Paul y Charla Devereux, *Lucid Dreaming: Accessing Your Inner Virtual Realities*, Daily Grail Publishing, 2011, pág. 99.
9. http://www.sciencedaily.com/releases/2008/09/080921162021.htm.
10. http://www.cell.com/current-biology/retrieve/pii/S0960982213007549.
11. http://science.time.com/2013/07/25/how-the-moon-messeswith-your-sleep/.

**Capítulo 8**

1. http://drdavidhamilton.com/think-yourself-well-scientificevidence-for-the-power-of-visualisation/.
2. Michael Katz, *Tibetan Dream Yoga*, Bodhi Tree, 2011, pág. 31.
3. En 2012, un equipo de investigadores de los Laboratorios ATR de Neurociencia Computacional de Kioto utilizaron la neuroimagen funcional para escanear el cerebro de

tres personas mientras dormían y consiguieron monitorizar cambios de actividad que después se pudieron relacionar con el contenido de sus sueños. Cuando soñamos con un determinado objeto o lo visualizamos, el cerebro genera un patrón neuronal exclusivo. Con el cartografiado minucioso de estos patrones referentes a cientos de objetos, los científicos consiguieron descodificar las imágenes del sueño con un 60 % de precisión. http://www.nature.com/news/scientists-read-dreams-1.116255.

4. Anthony Stevens, *Jung: A Very Short Introduction*, Oxford University Press, 2001, pág. 38.
5. Traleg Rinpoche, *Dream* Yoga, DVD, E-Vam Buddhist Institute.

# AGRADECIMIENTOS

La publicación de este libro estaba prevista para muy poco después de la de *Dreams of Awakening*, por lo que supuse que habría pocas personas a las que tuviera que dar las gracias, pero en realidad son aún más.

En primer lugar, quiero dar las gracias a todos los colaboradores: Rob Nairn, Robert Waggoner, Daniel Love, Ryan Hurd, Clare Johnson, Luigi Sciambarella, Tim Freke, Keith Hearne, el lama Yeshe Rinpoche, Sergio Magaña, Nigel Hamilton, John Lockley y Stanley Krippner.

Son muchas las personas que han aportado sus ideas a este libro, pero asumo toda la responsabilidad por cualquier error o imprecisión que pueda haber en el texto, y me disculpo por todos ellos.

Doy las gracias a todos los que leyeron los diversos apartados de los diferentes borradores, propusieron correcciones y dieron sus consejos, entre ellos a Rob Nairn, Albert Buhr, Melanie Schädlich, Daniel Love, Violet Lim y Nick Begley.

A los sujetos de los casos estudiados: Antonio, Nina, Kerri, Bruno, Millie y Ester, por su amabilidad y el coraje de compartir sus experiencias.

A Debra Wolter, por el incansable trabajo de edición, y a Michelle, Jo, Ruth, Jessica, Duncan, Tom, Julie y el resto del brillante equipo de Hay House, por su arduo trabajo. Probablemente la mejor editorial del mundo con la que trabajar.

A mis maestros, el lama Yeshe Rinpoche, Rob Nairn, el desaparecido Akong Rinpoche, Sogyal Rinpoche, el desaparecido Mervyn Minall-Jones y el lama Zangmo, por el cariño y la paciencia que tuvieron conmigo.

A la comunidad del Centro Budista Samye Dzong de Londres, con la que he convivido en los últimos cuatro años, y a todos los que decidieron seguir el camino menos trillado.

A la Asociación *Mindfulness* por su permanente apoyo a Ya'Acov Darlin Khan por su orientación, a Gateways of the Mind, a Sergio Magaña por la gira mundial, a Albert Buhr por los masajes, a la comunidad THROWDOWN, en la que pienso todos los días, y a todos mis queridos amigos.

Muchísimas gracias a mi madre, mi padre, mi hermano y el resto de mi familia, que no dejan de apoyarme. Y a mi prometida, Jade, por mantenerme con los pies en el suelo de su Norte.

Gracias a todas las personas de todo el mundo a las que he tenido el placer de enseñar a soñar con lucidez, y, por último, gracias a ti por leer este libro. Te deseo una lucidez plena en tus sueños y en la vida.

## SOBRE EL AUTOR

**Charlie Morey** es soñador lúcido autodidacta desde los diecisiete años y, desde hace doce, budista practicante inspirado por Akong Rinpoche. En el 2008, a los veinticinco años, empezó a enseñar a soñar con lucidez en el contexto del budismo tibetano y a petición de su mentor, el conocido maestro de meditación Rob Nairn.

Poco después de empezar la docencia, Charlie recibió de su maestro el lama Yeshe Rinpoche la tradicional «autorización para enseñar» budista, lo cual no solo fue un gran honor sino una valiosa certificación por parte de un lama de tan alta reputación.

En 2010, Charlie y Rob Nairn iniciaron un nuevo sistema holístico de sueño lúcido y dormir consciente llamado *Mindfulness* of Dream & Sleep. Desde entonces,

Charlie ha dirigido talleres de sueño lúcido y retiros de *Mindfulness* of Dream & Sleep en el Reino Unido y en otros lugares de Europa, en África y en América. Intervino en la BBC Radio 4 y ha dado conferencias en la Universidad Goldsmith de Londres, la Cape Town Medical School y la Royal Geographical Society. En 2011 fue el primero en hablar de los sueños lúcidos en una conferencia TED en San Diego.

Antes de dedicarse a enseñar a soñar con lucidez, Charlie terminó los estudios de teatro y trabajó de actor, guionista e incluso rapero en un grupo budista de *hip-hop*. Actualmente vive en el Kagyu Samye Dzong Buddist Centre de Londres con su prometida, Jade. Es cinturón negro de *kickboxing* y le encantan el cine, el surf y soñar.

www.charliemorley.com